ATELIER DE LA CRÊPE

巴黎名店 BREIZH CAFÉ

蕎麥餅 & 可麗餅配方大公開

大境文化

ATELIER DE LA CRĒPE

巴黎名店 BREIZH CAFÉ

蕎麥餅 & 可麗餅配方大公開

BERTRAND LARCHER 貝特朗·拉切爾

攝影：Emanuela Cino

SOMMAIRE

L'ATELIER DE LA CRÊPE
可麗餅工作坊

LES CRÊPES ET LES GALETTES EN PAS À PAS

Le Comptoir
BREIZH Café
Amuses Galettes
ECOLE
INTERNATIONALE
DE CREPIER
HARPE NOIRE
TRADITION BRETAGNE
Farine
de
Blé Noir
de
Bretagne

L'ATELIER DE LA CRÊPE

可麗餅工作坊

«在餐廳和商店開張後，為了忠於我所在地區－布列塔尼(Bretagne)的烹飪文化，經過多年的思考，在2018年11月開設了Atelier de la Crêpe可麗餅工坊，因為我想分享知識。我的父母、農民們把工作的價值和對美好事物的熱愛傳遞給我，在農場裡，我們過著幾乎自給自足的生活，生產各種水果和蔬菜，自己飼養各種動物：豬、乳牛、雞和山羊，餐桌上的一切都新鮮可口。這讓我理解到，若不是在土地上謙卑和耐心的工作，就不可能有真材實料的料理。後來我在日本的經歷更強化了我的信念：布列塔尼的烹飪文化具有強烈的身分認同，而且非常經得起發揚光大，前提是相關的專業知識受到尊重。儘管BREIZH CAFÉ一直是這種信念的媒介，但這個信念是在Atelier de la Crêpe可麗餅工作坊中透過分享而得以充分實現。

這所專門學習製作專業可麗餅的國際學校，位於聖馬洛(saint-malo)的杜蓋圖安碼頭(quai Duguay-Trouin)，並設有餐廳。培訓為期六週，歡迎學員前來進行專業項目的訓練。整個學院分佈於六百多平方公尺的舊船屋，樓上的會議室可進行理論知識的交流，一樓的餐廳(含七十個座位)明亮而優雅，以淺色木材家具裝飾。美觀結合美味：如小麥粉、蘋果酒、蜂蜜、果醬等，架上的雜貨也具有裝飾功能。

可麗餅工作坊位於聖馬洛的杜蓋圖安碼頭

深處的大廚房直接通向餐廳，餐廳裡可看到「billigs(可麗餅機)」，而學員在本學院教師的指導下，學習可麗餅翻面的技術。學院廚房、餐廳廚房，我希望這兩者合併，這就是 Atelier de la Crêpe 可麗餅工作坊的優勢。當學生的菜餚端到餐廳，他們就能體會顧客的直接反應與回饋。在緊張而熱烈的餐期中，整個空間瀰漫著奶油的細緻香氣。

此處強烈喚醒我們對地區的認同，並傳播：歡樂、熱情好客、當地產品、短鏈供應 ... 的價值觀。對我來說，這是一種對生態和社會的承諾，除了提升技能的目標之外，我的抱負是希望能維持熱情和激發情感。

我的經歷由各種際遇和旅行所組成，從中獲益良多，帶來滿滿的收穫，現在我想傳遞所知。對我來說，成立這個工作坊是一種義務，也回應了我最重要的動機：讓大家渴望進入這個行業，並儘可能廣泛地傳播美食文化。»

Bertrand Larcher 貝特朗·拉切爾，
BREIZH CAFÉ 與 ATELIER DE LA CRÊPE 的
創始人兼經理

PORTRAIT DE BERTRAND LARCHER
關於貝特朗·拉切爾
BREIZH CAFÉ與ATELIER DE LA CRÊPE的創始人

> « 傳授技能的同時，也在向全世界介紹布列塔尼的文化及高品質產品。 »

BERTRAND LARCHER貝特朗．拉切爾多年來獲得獨特的聲譽，他既是可麗餅大使、日本布列塔尼蕎麥餅的先驅，也是無國界的烹飪企業家。他出生在富熱爾（Fougères）附近的一個農場，始終保有農民魂，與土地保持著密切的連結。務農的成長經歷使他對食材的要求維持著高標準，對種植食材的人深表敬意，並選擇透過對料理的熱情來表達：離開迪納爾（Dinard）的飯店管理學院後，在日內瓦的哈利酒吧（Harry's Bar）工作了一段時間，接著跟隨妻子裕子（Yuko）去了日本。

在日本探索古老的蕎麥文化，尤其是蕎麥麵，也觀察到這裡沒有任何的布列塔尼可麗餅店。於是，Breizh Café的概念就此誕生，Breizh Café的配方可在以下穩固的方向裡隨意變化：圍繞在蕎麥和蘋果酒兩大主題的卓越農產品，和手工技術。

Breizh Café不僅僅是餐飲模式，也是文化與社會計畫，透過美食樂趣連結農民與大衆之間的樞紐。簡單而精緻的布列塔尼美食基礎，也因此富含日本元素。此後，貝特朗不斷透過更新進行變化：日本、巴黎和布列塔尼的可麗餅店；熟食櫃、蕎麥屋、日本餐廳、居酒屋（清酒小酒館）、蘋果酒吧等，在全世界有數十個店面 ... 。

2018年開業 ATELIER DE LA CRÊPE 可麗餅工作坊的餐廳，以及2017年收購的農場，顯然都是必然相關的發展結果。為了推廣與彰顯布列塔尼的精緻農業和土地，同時展現與世界文化的接軌，最重要的更是忠於自己的出身和風土。

LE MÉTIER DE CRÊPIER

可麗餅師這一行

蕎麥餅&可麗餅的由來與布列塔尼息息相關，近年來可麗餅在法國各地及海外都歷經了真正的熱潮。

然而，可麗餅這個職業至今仍鮮為人知或不受到重視，但在 ATELIER DE LA CRÊPE 可麗餅工作坊，可麗餅師（Crêpier）被視為布列塔尼文化遺產的大使。

正如巴黎 Relais Saint-Germain 聖日耳曼驛站飯店，Comptoir 餐廳老闆兼學院主辦人之一，伊夫·坎德博德（Yves Camdeborde）所言，這所學院的主要目標是：「要為一個簡樸的行業恢復崇高的地位，需要對動作和精準度的理解。」可麗餅師這一行需要掌握技術、產業知識和產品文化。根據《Dictionnaire Larousse 拉魯斯字典》的定義，從事這個職業的並不叫做「marchand de Crêpe 可麗餅商人」。正如同廚師進行極嚴苛的課程學習，可麗餅的技藝也需要真正合格的培訓和專業知識，才能在從事這項職業時獲得尊重。

可麗餅師建立在風土之上，必須從事永續的活動，並和當地生產者及手工業者互動。可麗餅師必須關注短鏈供應的議題，並以當地經濟為優先考量。這表示不僅需要具備專業知識或技術能力，也必須具備周邊地區代表性食材的知識。

可麗餅師是一種深植於布列塔尼土地的職業，而 ATELIER DE LA CRÊPE 可麗餅工作坊的目標，是讓蕎麥和所有其他在布列塔尼種植及收穫的食材，都獲得重視。食材的季節性及短鏈供應，不應再成為管理菜單的障礙，反而是其優勢、與衆不同之處和亮點，可確保每次都為顧客提供貨真價實、獨特且新穎的體驗。

可麗餅師也是各種生產者與合作夥伴之間的中介。從有機蕎麥、小麥到蔬菜、乳製品或蘋果酒，伴隨著品嚐蕎麥餅和可麗餅，可麗餅師將這一切食材都調和在一起，創造出強大而優質的體驗。可麗餅師在不同的生產者之間扮演著關鍵角色，以精挑細選出最優質的食材。

可麗餅師就和廚師一樣，必須展現多種技能，包括從管理、成本與庫存控制，以及餐飲服務。這也是為何合格的可麗餅師在市場上很少見，且備受重視的原因。

儘管可麗餅師一職的專業技巧源於自古以來的布列塔尼，但 ATELIER DE LA CRÊPE 可麗餅工作坊的挑戰在於，讓這個時至今日才受到認可的職業變得現代化。在開放式廚房中創作可麗餅，方便欣賞可麗餅師的動作、精準度和嚴謹度，也讓人更重視這個職業。

BERTRAND LARCHER 貝特朗．拉切爾希望透過這所國際可麗餅技術學院，為想從事這一行的人賦予或重拾熱情。實施的培訓課程，讓所有愛好者有機會發展他們的技能，並滿懷信心地進入這個行業。

巴黎喬治五世飯店（Hotel George-V），餐廳侍酒師兼經理，同時也是 ATELIER DE LA CRÊPE 可麗餅工作坊學院的主辦人－艾希克．玻瑪（Éric Beaumard）興奮地表示：「再度見到貝特朗，這來自富熱爾（fougerais）地區的小夥子接受蕎麥的挑戰，令人難掩激動之情。蕎麥餅為我們強化了布列塔尼質樸而誠懇的價值，是連結人文主義和布列塔尼社群的樞紐。蕎麥萬歲！布列塔尼萬歲！」

Atelier de la crêpe可麗餅工作坊的廚房（左）和餐廳（右）。

LES CRÊPES ET LES GALETTES

EN PAS À PAS

可麗餅與蕎麥餅步驟詳解

DE BLÉ NOIR
de Bretagne
MINOTERIE DE
RONCIN
1
2
3
4
5
6

25個蕎麥餅

準備：**10分鐘**
冷藏靜置至少**24小時**
在常溫下靜置**30分鐘**

- 蕎麥粉（farine de sarrasin）
  1公斤
- 給宏德鹽（sel de Guérande
  25克
- 過濾水2.25公升

CONSEIL 建議

讓麵糊靜置可提升蕎麥餅的味道、口感和色澤。

PÂTE À GALETTES

蕎麥餅麵糊

1 將小麥粉和粗鹽放入一個很大的容器中。

2 倒入1公升的水。

3 用手混合至形成平滑麵糊。

4 手指張開，以向上繞圈的方式輕撈麵糊，將空氣充分排出。

5 在麵糊上倒水覆蓋麵糊，以免乾燥。冷藏靜置至少24小時。使用前，將麵糊取出，在常溫下靜置30分鐘。

6 麵糊中再倒入1公升的水並攪拌：麵糊不要太稀，此時的麵糊已經可供使用。

de
froment
ploërmel
de BUYER
1
2
3
4
5
6

30片可麗餅

準備：**15分鐘**

- 放養的雞蛋（oeufs plein air）6顆
- 糖200克
- 半鹽奶油（beurre demi-sel）40克
- 全脂牛乳2公升
- 小麥粉（farine de froment）1公斤

CONSEIL 建議

如果還有結塊，可用漏斗型濾器（chinois）過濾麵糊。

PÂTE À CRÊPES
可麗餅麵糊

1 將蛋打在容器中，倒入糖。

2 用糖將蛋攪打至形成泛白。

3 將奶油加熱至融化，避免過熱，倒入蛋糊中。

4 倒入1公升的牛乳，拌勻。

5 接著非常小心地混入小麥粉。

6 再倒入1公升的牛乳，拌勻。

ATELIER
DE
LA CRÊPE
SAINT-MALO
1
2
3
4
5
6

LA CUISSON DES CRÊPES SUR CRÊPIÈRE
煎可麗餅

可麗餅的煎法不同於蕎麥餅差異如下：

• 步驟1，在為可麗餅機上油之前，先將可麗餅機加熱至220℃。少量油脂就足以煎3至4個可麗餅。
• 步驟2，優先選擇較小的湯勺，以形成厚度適中的可麗餅。
• 步驟4，以不超過220℃的溫度煎可麗餅。
• 步驟5，勿等到邊緣捲起才翻面，否則可麗餅會煎過頭，只要等幾秒即可翻面。

MATÉRIEL DE CUISSON
烹飪設備

可麗餅機 Billig（或可麗餅煎鍋 Crêpière）
擦拭棉 Tampon
（用來為煎盤上油）
大湯勺
T字棒 Râteau（推餅器 Rozell）
刮刀

LA CUISSON DES GALETTES SUR CRÊPIÈRE
以可麗餅機煎蕎麥餅

1 為可麗餅機的煎盤上油
可麗餅機熱機後上油：以250℃加熱幾分鐘後再製作蕎麥餅。使用的油是豬油，以擦拭棉擦在鑄鐵煎盤上，將油均勻鋪開，形成薄薄一層。也能使用葡萄籽油。在煎每個蕎麥餅之間，請為可麗餅機上油。

2 舀上麵糊
製作蕎麥餅時，會使用直徑8公分（125毫升）的大湯勺將麵糊舀至可麗餅機上。大湯勺應完全盛滿麵糊，才會形成漂亮的蕎麥餅。對右撇子來說，應將大湯勺拿在左手。通常會將麵糊舀在煎盤的左下方（即6至9點鐘方向）。舀入麵糊後，應立即鋪平。

3 將麵糊鋪平
用T字棒將麵糊鋪平，T字棒在布列塔尼亦稱為「推餅器 Rozell」。舀上麵糊後，應重複以畫逗號的手勢將麵糊順時針轉開鋪平。每個動作都務必要用T字棒帶到所有麵糊。用大拇指和食指握住T字棒，盡量不要傾斜，讓T字棒幾乎與煎盤平行。輕握，不要施加壓力。

4 煎蕎麥餅
蕎麥餅的煎烤溫度介於250℃和270℃之間。蕎麥餅的煎烤時間比可麗餅久。

5 將蕎麥餅翻面
在蕎麥餅邊緣開始脫離烤盤時，就能將蕎麥餅翻面。為此，可用不鏽鋼刮刀將蕎麥餅整個鏟起，翻面速煎另一面（約30秒）。

6 將蕎麥餅盛盤
蕎麥餅的第2面煎好後，用刮刀輕輕將蕎麥餅擺在餐盤上。

ATELIER DE LA CRÊPE
SAINT-MALO
1
2
3
4

LA CUISSON DES GALETTES À LA POÊLE
用平底煎鍋煎蕎麥餅

蕎麥餅的煎烤方式不同於可麗餅。差異如下：

• 在步驟2，優先選擇較小的湯勺，以形成厚度適中的蕎麥餅。

• 在步驟3：在煎蕎麥餅的第一面時，留意邊緣。蕎麥餅的邊緣捲起時，就可以翻面了。

使用工具

平底煎鍋

大湯勺

刮刀

À SAVOIR 不可不知

如果你想為蕎麥餅添加配料，可依配方指示將麵糊鋪開後，為蕎麥餅刷上融化的奶油，再直接擺上食材。

LA CUISSON DES CRÊPES À LA POÊLE
用平底煎鍋煎可麗餅

1 準備器材

在煎可麗餅時，請選擇具有不沾塗層、平底和低邊的適當平底煎鍋，以利可麗餅的翻面。在替平底煎鍋上油時，請使用耐熱性佳且無味的油，例如葡萄籽油。用吸水紙在平底煎鍋上鋪上薄薄一層油，以免過油。

2 舀上麵糊並鋪平

用大湯勺將麵糊舀在平底煎鍋的一側，立即以手腕畫圓的方式將麵糊鋪開，形成薄薄的可麗餅。如果麵糊不會黏鍋，肯定是用油量過多。將麵糊均勻地鋪在平底煎鍋的整個表面上，以利均勻煎烤。

3 煎烤可麗餅

若以可麗餅機煎，可麗餅的兩面都要煎。將溫度調為大火。可麗餅必須快煎。溫度太低會使可麗餅難以上色。第1片可麗餅可用來確認煎烤溫度的設定是否適宜。

4 將可麗餅翻面

在進行這個步驟時，可選擇用甩鍋翻面可麗餅，或用刮刀（適用於不沾塗層）小心地翻面。在甩鍋翻面時，先確認可麗餅沒有黏鍋。然後用雙手握著平底煎鍋，接著將鍋子向前傾斜，手腕快速向上揮動，將可麗餅翻至另一面快煎。

LE PLIAGE 折疊法

折疊是蕎麥餅和可麗餅擺盤的重要步驟，請務必使用刮刀進行折疊(卷餅和錢包形除外）。為了在餐盤上美觀呈現可麗餅及蕎麥餅，應折疊成符合餐盤大小的幾何圖形。儘管沒有正式的折疊規則，但可麗餅師還是應預先考量折疊的選擇，以便讓成品或配料更突出。只有經典的可麗餅有常見的折疊法，可在一些可麗餅店中找到，例如完全折疊或扇形折疊。

4折疊

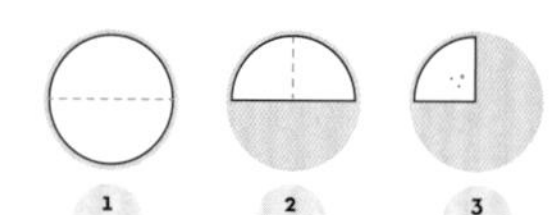

這是最容易進行的折疊法之一，而且適合小餐盤。先將可麗餅對折，接著再將右邊的可麗餅從中央折向左邊。

4折疊（變化版）

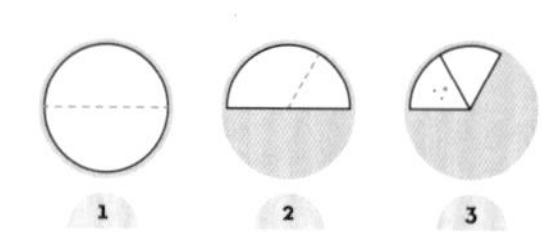

如圖所示，4折疊的變化版是將右半邊部分折至左邊。

開放式正方形折疊又稱「完全折疊」

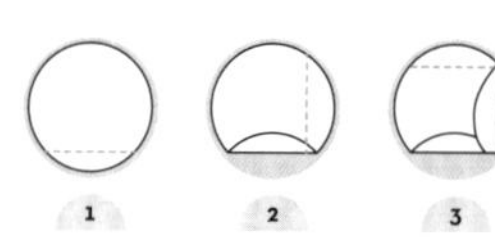

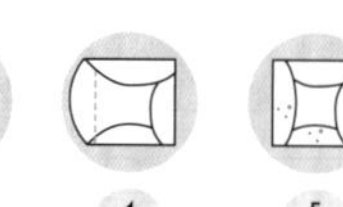

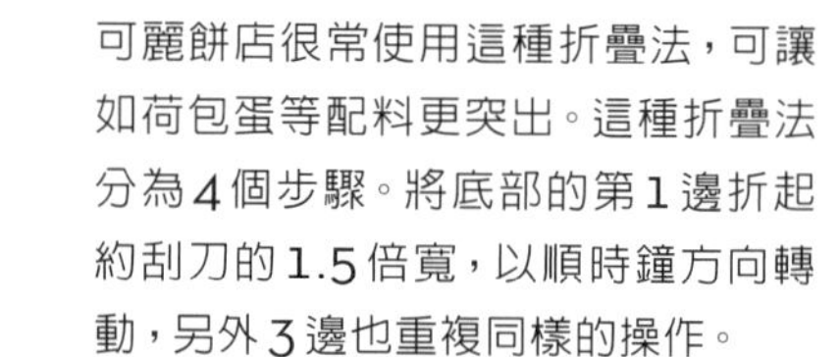

可麗餅店很常使用這種折疊法，可讓如荷包蛋等配料更突出。這種折疊法分為4個步驟。將底部的第1邊折起約刮刀的1.5倍寬，以順時鐘方向轉動，另外3邊也重複同樣的操作。

閉合式正方形折疊

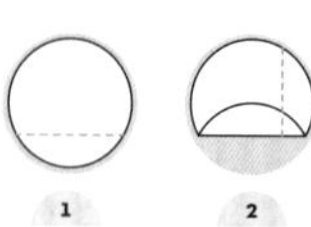

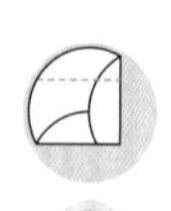

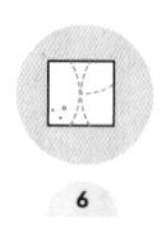

閉合正方形折疊的進行方式與完全折疊相同。以順時鐘方向轉動，將可麗餅的4個角折起。折起的邊應足以完全覆蓋配料。將可麗餅翻面，將折疊處隱藏起來後擺盤。

閉合式長方形折疊

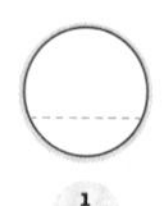

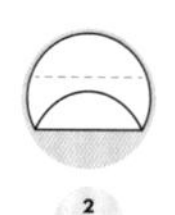

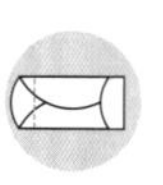

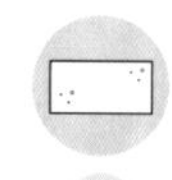

長方形折疊是閉合正方形折疊的變化版。在步驟2和3，折起的邊應超出閉合正方形折疊。相反地，在步驟4和5，折起的邊會較短。將可麗餅翻面，將折疊處隱藏起來後擺盤。

我們在說明中通稱「可麗餅」，但這些折疊法也適用於蕎麥餅。

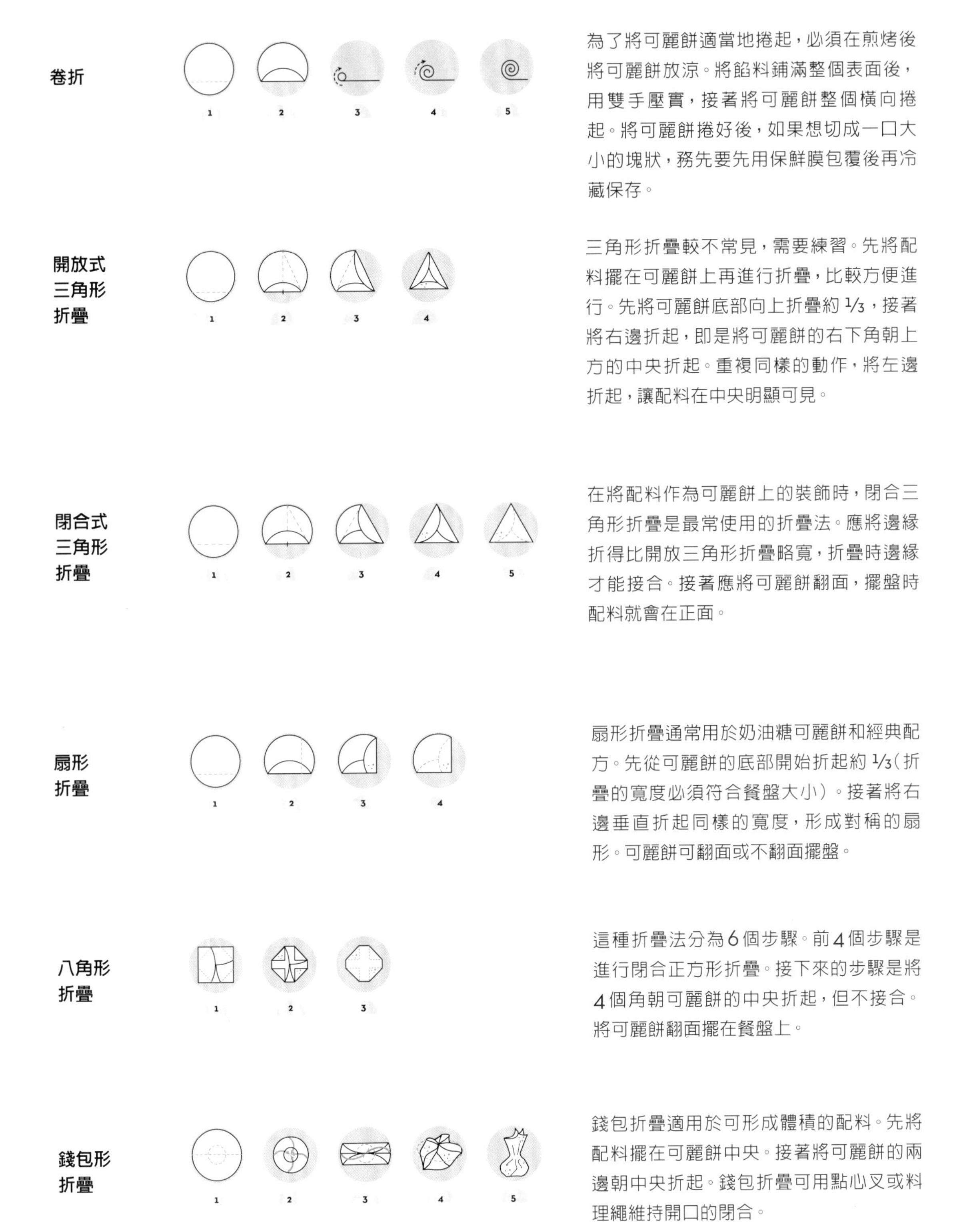

卷折

為了將可麗餅適當地捲起，必須在煎烤後將可麗餅放涼。將餡料鋪滿整個表面後，用雙手壓實，接著將可麗餅整個橫向捲起。將可麗餅捲好後，如果想切成一口大小的塊狀，務先要先用保鮮膜包覆後再冷藏保存。

開放式三角形折疊

三角形折疊較不常見，需要練習。先將配料擺在可麗餅上再進行折疊，比較方便進行。先將可麗餅底部向上折疊約⅓，接著將右邊折起，即是將可麗餅的右下角朝上方的中央折起。重複同樣的動作，將左邊折起，讓配料在中央明顯可見。

閉合式三角形折疊

在將配料作為可麗餅上的裝飾時，閉合三角形折疊是最常使用的折疊法。應將邊緣折得比開放三角形折疊略寬，折疊時邊緣才能接合。接著應將可麗餅翻面，擺盤時配料就會在正面。

扇形折疊

扇形折疊通常用於奶油糖可麗餅和經典配方。先從可麗餅的底部開始折起約⅓（折疊的寬度必須符合餐盤大小）。接著將右邊垂直折起同樣的寬度，形成對稱的扇形。可麗餅可翻面或不翻面擺盤。

八角形折疊

這種折疊法分為6個步驟。前4個步驟是進行閉合正方形折疊。接下來的步驟是將4個角朝可麗餅的中央折起，但不接合。將可麗餅翻面擺在餐盤上。

錢包形折疊

錢包折疊適用於可形成體積的配料。先將配料擺在可麗餅中央。接著將可麗餅的兩邊朝中央折起。錢包折疊可用點心叉或料理繩維持開口的閉合。

Atelier de la crêpe可麗餅工作坊的廚房（左）和餐廳（右）。

LES RECETTES CLASSIQUES

經典配方

GALETTE AU BEURRE ET SALADE (LA CLASSIQUE)

奶油蕎麥餅佐生菜沙拉（經典）

蕎麥餅4個

準備：**10分鐘**
煎烤：**2分鐘**

LES GALETTES 蕎麥餅

- 蕎麥餅麵糊500毫升（見15頁配方）
- 半鹽奶油60克

LA SALADE 沙拉

- 綜合生菜160克

LA VINAIGRET TE AU CIDRE 蘋果酒油醋醬

- 第戎芥末醬（moutarde de Dijon）40克
- 細鹽8克
- 白胡椒4克
- 葵花油240毫升
- 橄欖油160毫升
- 蘋果酒醋80毫升

CONSEIL 建議

享用的前一刻，在蕎麥餅上放1塊奶油。

MODE DE PLIAGE 折疊方式

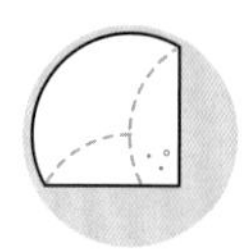

先製作油醋醬：在容器中放入芥末醬、鹽和胡椒。一邊以細流狀緩緩倒入油，一邊用打蛋器混合所有材料。加入醋，繼續攪打。

將可麗餅機（或平底煎鍋）加熱至250℃。倒入125毫升的麵糊，均勻鋪開。用糕點刷為蕎麥餅刷上融化的奶油。邊緣會開始捲起。這時用刮刀將蕎麥餅折成扇形。用刮刀將蕎麥餅翻面。將小塊奶油擺在蕎麥餅表面，在奶油開始融化時，將蕎麥餅從可麗餅機（或平底煎鍋）內取下，翻面擺在餐盤上。

在沙拉碗中放入綜合生菜（預先清洗並瀝乾水分）。用油醋醬調味，將¼的生菜沙拉擺在蕎麥餅旁。

另外3個蕎麥餅也重複同樣的步驟。

蕎麥餅4個

準備：**7分鐘**
煎烤：**3分鐘**

- 蕎麥餅麵糊500毫升
（見15頁配方）
- 融化半鹽奶油40克
- 放養的雞蛋4顆
- 艾曼塔乳酪絲（emmental râpé）160克
- Bleu-Blanc-Coeur永續農業協會標章火腿160克

CONSEIL 建議

一邊用手固定蛋黃，一邊用刮刀將蛋白鋪在整個蕎麥餅上。

MODE DE PLIAGE 折疊方式

GALETTE COMPLÈTE

火腿起司蛋蕎麥餅

將可麗餅機（或平底煎鍋）加熱至250℃。倒入125毫升的麵糊，均勻鋪開。用糕點刷為蕎麥餅刷上融化的奶油。將蛋打在蕎麥餅中央，用刮刀將蛋白鋪開。撒上40克的艾曼塔乳酪絲，鋪上40克的火腿，煎熟。邊緣會開始捲起。這時用刮刀將蕎麥餅折成開放的正方形（完全折疊）。用糕點刷為蕎麥餅折起的邊緣刷上融化的奶油。

將蕎麥餅從可麗餅機（或平底煎鍋）內取下，擺在餐盤上。

其他3個蕎麥餅也重複同樣的步驟。

蕎麥餅4個

準備：**30分鐘**
烹調：**5分鐘**

LES GALETTES 蕎麥餅

- 蕎麥餅麵糊500毫升（見15頁配方）
- 融化半鹽奶油40克
- 放養的雞蛋4顆
- 艾曼塔乳酪絲160克
- Bleu-Blanc-Coeur永續農業協會標章火腿160克

LES CHAMPIGNONS À LA CRÈME
奶油蘑菇

- 蘑菇250克
- 半鹽奶油10克
- 細鹽2克
- 液狀鮮奶油50毫升
- 胡椒

CONSEIL 建議

加入鮮奶油之前，務必將蘑菇湯汁充分濃縮。

MODE DE PLIAGE 折疊方式

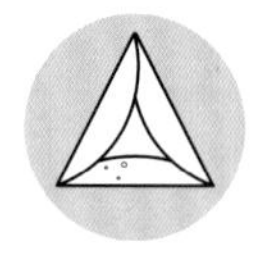

GALETTE COMPLÈTE,
CHAMPIGNONS À LA CRÈME
火腿起司蛋蕎麥餅佐奶油蘑菇

製作奶油蘑菇：清洗蘑菇後，將蘑菇切成厚3公釐的規則薄片。在煎炒鍋中，以大火將奶油加熱至融化，接著加入蘑菇和鹽。炒至蘑菇排出的水分蒸發。這時倒入液態鮮奶油，煮至湯汁變得濃稠。依個人口味撒上胡椒。

將可麗餅機（或平底煎鍋）加熱至250℃。倒入125毫升的麵糊，均勻鋪開。用糕點刷為可麗餅刷上融化的奶油。在中央打入1顆蛋，用刮刀將蛋白鋪開。撒上40克的艾曼塔乳酪絲，並排入40克的火腿。加入50克的奶油蘑菇，繼續煎烤。邊緣會開始捲起。這時用刮刀將蕎麥餅折成開放的三角形。用糕點刷為蕎麥餅折起的邊緣刷上融化的奶油。

將蕎麥餅從可麗餅機（或平底煎鍋）內取下，擺在餐盤上。

另外3個蕎麥餅也重複同樣的步驟。

蕎麥餅4個

準備：**30分鐘**
烹調：**10分鐘**

LES GALETTES 蕎麥餅

- 蕎麥餅麵糊500毫升（見15頁配方）
- 融化的半鹽奶油40克
- 放養的雞蛋4顆
- 艾曼塔乳酪絲160克
- Bleu-Blanc-Coeur永續農業協會標章火腿160克

LE CHUTNEY D'OIGNONS 洋蔥甜酸醬

- 黃洋蔥500克
- 橄欖油30毫升
- 細鹽2.5克
- 巴薩米克醋10毫升
- 白糖25克

MODE DE PLIAGE 折疊方式

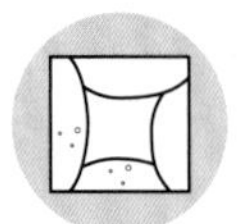

GALETTE COMPLÈTE,

CHUTNEY D'OIGNONS

火腿起司蛋蕎麥餅佐洋蔥甜酸醬

先製作洋蔥甜酸醬：將洋蔥剝皮，切成規則的圓形薄片。在煎炒鍋中，以中火加熱橄欖油。加入切片洋蔥和鹽。炒至出汁幾分鐘，接著倒入醋和糖，改以大火烹煮。煮至水分蒸發。

將可麗餅機（或平底煎鍋）加熱至250℃。倒入125毫升的麵糊，均勻鋪開。用糕點刷為蕎麥餅刷上融化的奶油。在中央打入1顆蛋，用刮刀將蛋白鋪開。撒上40克的艾曼塔乳酪絲。加入40克的火腿，繼續煎烤。放入50克的甜酸醬。邊緣會開始捲起。這時用刮刀將蕎麥餅折成開放的正方形（完全折疊）。用糕點刷為蕎麥餅折起的邊緣刷上融化的奶油。

將蕎麥餅從可麗餅機（或平底煎鍋）內取下，擺在餐盤上。

另外3個蕎麥餅也重複同樣的步驟。

CRÊPE BEURRE-SUCRE
奶油糖可麗餅

可麗餅4個

準備：**2分鐘**
煎烤：**2分鐘**

LES CRÊPES 可麗餅4個

- 可麗餅麵糊360毫升（見17頁配方）
- 融化的半鹽奶油40克
- 紅糖（sucre roux）40克

CONSEIL 建議

享用前在可麗餅表面加上1塊奶油。

MODE DE PLIAGE 折疊方式

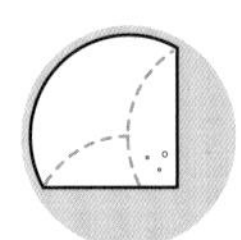

將可麗餅機（或平底煎鍋）加熱至220°C。倒入90毫升的麵糊，均勻鋪開。用糕點刷為可麗餅刷上融化的奶油。

用刮刀將可麗餅折成扇形，接著翻面擺在餐盤上。

用糕點刷為可麗餅刷上融化的奶油，撒上10克的糖。

另外3個可麗餅也重複同樣的步驟。

ATELIER DE LA CR

CRÊPE CARAMEL AU BEURRE SALÉ
鹽味焦糖可麗餅

可麗餅4個

準備：**5分鐘**
烹調：**10分鐘**

LES CRÊPES 可麗餅

- 可麗餅麵糊360毫升
  （見17頁配方）
- 融化半鹽奶油40克

LE CARAMEL AU BEURRE SALÉ 鹽味焦糖

- 液狀鮮奶油60毫升
- 半鹽奶油50克
- 糖80克
- 水20毫升

CONSEIL 建議

在製作焦糖時，緩緩加入鮮奶油，一邊積極攪拌，以免燒焦。

MODE DE PLIAGE 折疊方式

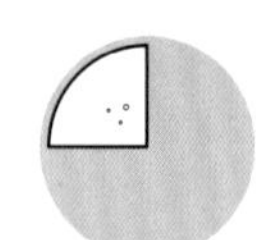

製作鹽味焦糖：在平底深鍋中，以極小的火將鮮奶油加熱至微溫。在另一個平底深鍋中，將奶油加熱至融化。倒入水和糖，拌匀。用大火煮至形成焦糖。攪拌，同時小心焦糖噴濺。將平底深鍋離火。倒入微溫的鮮奶油，拌匀。

將可麗餅機（或平底煎鍋）加熱至220°C。倒入90毫升的麵糊，均匀鋪開。用糕點刷為可麗餅刷上融化的奶油。這時用刮刀將可麗餅折成4折，接著擺在餐盤上，淋上30克的焦糖。

另外3個可麗餅也重複同樣的步驟。

可麗餅4個

準備：**5分鐘**
煎烤：**2分鐘**

- 可麗餅麵糊360毫升（見17頁配方）
- 融化半鹽奶油40克
- 柑曼怡香橙干邑香甜酒（Grand Marnier®）80毫升

CONSEIL 建議

確保柑曼怡香橙干邑香甜酒夠熱，適合焰燒。

MODE DE PLIAGE 折疊方式

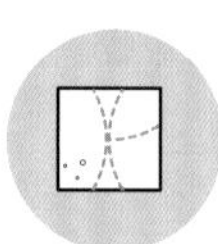

CRÊPE FLAMBÉE GRAND MARNIER

柑曼怡焰燒可麗餅

將可麗餅機（或平底煎鍋）加熱至220℃。倒入90毫升的麵糊，均勻鋪開。用糕點刷為可麗餅刷上融化的奶油。這時用刮刀將可麗餅折成正方形。擺在餐盤上，倒入少許融化的奶油。

在小型平底深鍋中加熱柑曼怡香橙干邑香甜酒，倒在可麗餅上，用點火器焰燒可麗餅。

另外3個可麗餅也重複同樣的步驟。

可麗餅4個

準備：**5分鐘**
煎烤：**2分鐘**

- 可麗餅麵糊360毫升（見17頁配方）
- 融化的半鹽奶油40克
- 巧克力碎片120克

CONSEIL 建議

以熱盤享用，讓巧克力融化。

MODE DE PLIAGE 折疊方式

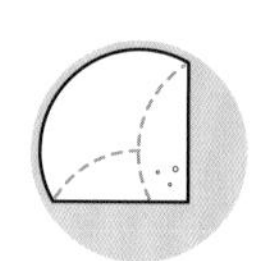

Crêpe aux éclats de chocolat

巧克力碎片可麗餅

將可麗餅機（或平底煎鍋）加熱至220℃。倒入90毫升的麵糊，均勻鋪開。用糕點刷為可麗餅刷上融化的奶油。這時用刮刀將可麗餅折成扇形，接著翻面擺在餐盤上。

用糕點刷為可麗餅刷上融化的奶油，撒上30克的巧克力碎片。

另外3個可麗餅也重複同樣的步驟。

L'Atelier de la crêpe可麗餅工作坊是一間國際學院，專為想學習可麗餅技術的專業人士和個人所開設。這是個交流、傳播美食的場所，也讓人得以展現對布列塔尼傳承的喜愛。

Atelier de la crêpe可麗餅工作坊的教育方式也包含餐廳，讓學員可以在這裡學習從生產到服務的技術，和教師一起從當地食材開始製作蕎麥餅和可麗餅。

Saint-Malo 聖馬洛港（左）和 Quai de Terre Neuve 新陸碼頭（右）。

LES RECETTES DE PRINTEMPS

春季配方

蕎麥餅4個

準備：**30分鐘**
烹調：**20分鐘**

LES GALETTES 蕎麥餅

- 蕎麥餅麵糊500毫升（見15頁配方）
- 融化的半鹽奶油40克
- 艾曼塔乳酪絲120克

LES LÉGUMES 蔬菜

- 綠蘆筍12根
- 豌豆4把
- 鹽

LA SAUCE CHORIZO 西班牙香腸醬

- 紅蔥頭1顆
- 半鹽奶油5克
- 蘋果酒20毫升
- 西班牙香腸（chorizo）20克
- 液狀鮮奶油50毫升

CONSEIL 建議

豌豆煮好時，將冷水緩緩倒入煮豌豆的沸水中，讓豌豆保持光滑。

MODE DE PLIAGE 折疊方式

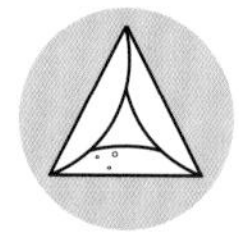

GALETTE ASPERGES VERTES, PETITS POIS

ET SAUCE AU CHORIZO

綠蘆筍豌豆蕎麥餅佐西班牙香腸醬

準備蔬菜：在平底深鍋中，以加鹽沸水燙煮蘆筍，接著過冷水。瀝乾後切成小段。將豌豆去殼，在平底深鍋中以加鹽沸水燙煮，接著瀝乾。

製作香腸醬：將紅蔥頭剝皮並切碎。在平底深鍋中，以大火將奶油加熱至融化，接著加入紅蔥頭炒。倒入蘋果酒，煮至濃縮。將西班牙香腸切成小丁加入，再倒入鮮奶油煮至均勻。

將可麗餅機（或平底煎鍋）加熱至250℃。倒入125毫升的麵糊，均勻鋪開。用糕點刷為蕎麥餅刷上融化的奶油，並撒上30克的艾曼塔乳酪。加入¼的蔬菜和2大匙的香腸醬，接著繼續煎烤。邊緣會開始捲起。這時用刮刀將蕎麥餅折成開放的三角形。用糕點刷為蕎麥餅折起的邊緣刷上融化的奶油。

將蕎麥餅從可麗餅機（或平底煎鍋）內取下，擺在餐盤上。

另外3個蕎麥餅也重複同樣的步驟。

蕎麥餅4個

準備：**35分鐘**
烹調：**20分鐘**

LES GALETTES 蕎麥餅

- 蕎麥餅麵糊500毫升（見15頁配方）
- 白蘆筍4根
- 放養的雞蛋4顆
- 艾曼塔乳酪絲120克
- 半鹽奶油10克
- 鹽、糖

LA SAUCE AU BLEU 藍紋乳酪醬

- 紅蔥頭（échalotes）2顆
- 半鹽奶油10克
- 液態鮮奶油100毫升
- 奧弗涅藍紋乳酪（bleu d'Auvergne）100克
- 糖1撮

CONSEIL 建議

可保留蘆筍皮一起烹煮，這有助增添風味，用糖燙煮可去除苦澀味。

MODE DE PLIAGE 折疊方式

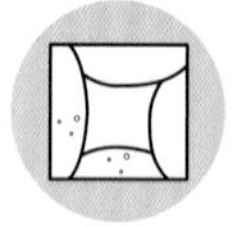

GALETTE ASPERGES BLANCHES, ŒUF MIROIR,

EMMENTAL ET SAUCE AU BLEU

白蘆筍煎蛋蕎麥餅佐艾曼塔和藍紋乳酪醬

製作醬汁：將紅蔥頭剝皮並切碎。在平底深鍋中，以大火將奶油加熱至融化，接著加入紅蔥頭，以小火炒至出汁。倒入液狀鮮奶油，加入切塊的藍紋乳酪。加入1撮糖，繼續煮至上色。

準備白蘆筍：在平底深鍋中加熱500毫升的水、1撮鹽和糖。將蘆筍去皮，保留皮，全部加入沸水中，煮5分鐘。將白蘆筍從水中取出，浸入冰水中。

將可麗餅機（或平底煎鍋）加熱至250℃。倒入125毫升的麵糊，均勻鋪開。用糕點刷為蕎麥餅刷上融化的奶油。在中央打入1顆蛋，用刮刀將蛋白鋪開。在蛋黃周圍撒上30克的艾曼塔乳酪絲。擺上1根斜切成4-5段的白蘆筍，淋上2大匙的藍紋乳酪醬。持續煎烤。邊緣會開始捲起。這時用刮刀將蕎麥餅折成開放正方形（完全折疊）。用糕點刷為蕎麥餅折起的邊緣刷上融化的奶油。

將蕎麥餅從可麗餅機（或平底煎鍋）內取下，擺在餐盤上。

另外3個蕎麥餅也重複同樣的步驟。

Galette surimi, béchamel de chou-fleur et poireau
花椰菜韭蔥白醬佐魚漿蕎麥餅

蕎麥餅4個

準備：**20分鐘**
烹調：**20分鐘**

LES GALETTES 蕎麥餅

- 蕎麥餅麵糊500毫升（見15頁配方）
- 融化的半鹽奶油40克
- 魚漿120克
- 艾斯佩雷辣椒粉（piment d'Espelette）4撮

LES LÉGUMES 蔬菜

- 韭蔥（poireaux）150克
- 花椰菜120克

LA BÉCHAMEL 白醬

- 半鹽奶油40克
- 小麥粉40克
- 牛乳400毫升
- 鹽2撮

MODE DE PLIAGE 折疊方式

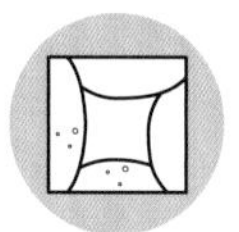

蔬菜準備：清洗韭蔥，切成小段，放入加鹽沸水中煮至軟化。瀝乾，按壓以排出所有水分。用鹽水燙煮去莖切成小塊的花椰菜，但仍應保有些許清脆度，瀝乾。

製作白醬：在平底深鍋中，以大火將半鹽奶油加熱至融化，一次倒入小麥粉，用打蛋器攪拌。以細流狀緩緩倒入牛乳，一邊仔細攪拌，以免結塊。煮至形成濃稠狀醬汁並加鹽。

在白醬中混入蔬菜。

將可麗餅機（或平底煎鍋）加熱至250℃。倒入125毫升的麵糊，均勻鋪開。用糕點刷為蕎麥餅刷上融化的奶油。在蕎麥餅中央擺上100克的蔬菜白醬，加上40克的魚漿鋪平。繼續煎烤，邊緣會開始捲起。這時用刮刀將蕎麥餅折成開放的正方形（完全折疊）。用糕點刷為蕎麥餅折起的邊緣刷上融化的奶油。撒上艾斯佩雷辣椒粉。

將蕎麥餅從可麗餅機（或平底煎鍋）內取下，擺在餐盤上。

另外3個蕎麥餅也重複同樣的步驟。

蕎麥餅4個

準備：**20分鐘**
烹調：**20分鐘**

LES GALETTES 蕎麥餅

- 蕎麥餅麵糊500毫升（見15頁配方）
- 海藻韃靼（tartare d'algues）* 20克

L'ÉCRASÉ DE POMMES DE TERRE AU TARTARE D'ALGUES 海藻韃靼碎馬鈴薯

- 馬鈴薯1公斤
- 融化半鹽奶油40克
- 橄欖油70毫升
- 海藻韃靼*130克

*洗淨的海藻加入少許蒜末、鹽，以橄欖油、檸檬汁或醋拌勻後製成。

CONSEIL 建議

避免用攪拌機攪打馬鈴薯。最好壓碎即可，而不要打成泥。

MODE DE PLIAGE 折疊方式

GALETTE À L'ÉCRASÉ DE POMMES DE TERRE AU TARTARE D'ALGUES
海藻韃靼、碎馬鈴薯的蕎麥餅

製作碎馬鈴薯：將馬鈴薯去皮，切成大塊。放入裝有加鹽沸水的平底深鍋中，煮20分鐘。瀝乾後放入沙拉碗，用叉子將馬鈴薯壓碎，務必保留碎塊狀。倒入融化的奶油和橄欖油。拌勻。放至微溫，接著混入海藻韃靼。

將可麗餅機（或平底煎鍋）加熱至250℃。倒入125毫升的麵糊，均勻鋪開。用糕點刷為蕎麥餅刷上融化的奶油。在蕎麥餅中央擺上150克碎馬鈴薯。繼續煎烤，邊緣會開始捲起。這時用刮刀將蕎麥餅折成開放的三角形。用糕點刷為蕎麥餅折起的邊緣刷上融化的奶油，加上1小匙的海藻韃靼。

將蕎麥餅從可麗餅機（或平底煎鍋）內取下，擺在餐盤上。

另外3個蕎麥餅也重複同樣的步驟。

ROULÉ DE GALETTE À LA MOUSSE DE SAUMON ET ANETH

蒔蘿鮭魚慕斯蕎麥餅卷

卷餅1個

準備：**15分鐘**
煎烤：**5分鐘**
冷藏靜置：**30分鐘**

- 蕎麥餅麵糊125毫升（見15頁配方）
- 融化的半鹽奶油5克

LA GARNITURE 配料

- 煙燻鮭魚50克
- 鮮奶油(crème fraîche) 50毫升
- 蒔蘿(aneth) 3克

CONSEIL 建議

冷藏保存後，再將蕎麥餅卷切成一口大小。

MODE DE PLIAGE 折疊方式

製作配料：用食物料理機打碎鮭魚。將液狀鮮奶油打發，將鮭魚碎混入打發鮮奶油中。撒上切碎的蒔蘿。

將可麗餅機(或平底煎鍋)加熱至250℃。倒入麵糊，均匀鋪開。用糕點刷為蕎麥餅刷上融化的奶油。繼續煎烤，邊緣會開始捲起。用刮刀將蕎麥餅擺在砧板上。將鮮奶油鮭魚以長條形鋪在蕎麥餅的一側，緊緊地捲起。

用保鮮膜將卷餅包起，冷藏30分鐘，讓鮭魚慕斯凝固。

將卷餅切成一口大小，擺在餐盤上。

蕎麥餅4個

準備：**45分鐘**
烹調：**20分鐘**

LES GALETTES 蕎麥餅

- 蕎麥餅麵糊500毫升（見15頁配方）
- 融化的半鹽奶油10克
- 煙燻鯡魚片40克

LES LÉGUMES 蔬菜

- 茴香（fenouil）100克
- 融化奶油20克
- 馬鈴薯200克

LA CRÈMED'ANETH 蒔蘿奶油醬

- 濃稠（高脂）鮮奶油（crème épaisse）200毫升
- 蒔蘿20克

CONSEIL 建議

茴香務必保持清脆。

MODE DE PLIAGE 折疊方式

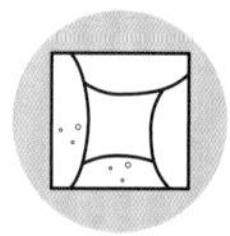

GALETTE AU FILET DE HARENG FUMÉ,

FENOUIL SAUTÉ ET POMMES DE TERRE À LA CRÈME D'ANETH

煙燻鯡魚蕎麥餅佐炒茴香、蒔蘿奶油馬鈴薯

準備茴香：將茴香洗淨並切碎。在煎炒鍋中，用奶油翻炒茴香，茴香必須保持清脆。炒好後預留備用。

準備馬鈴薯：在加鹽沸水中煮15分鐘，接著瀝乾。將馬鈴薯去皮，切成厚1公分的片狀。

製作蒔蘿奶油醬：在攪拌碗中混合濃稠（高脂）鮮奶油和預先切碎的蒔蘿。

將可麗餅機（或平底煎鍋）加熱至250℃。倒入125毫升的麵糊，均勻鋪開。用糕點刷為蕎麥餅刷上融化的奶油。在中央擺上50克的馬鈴薯、10克的煙燻鯡魚片和20克的炒茴香。舀入40毫升的蒔蘿奶油醬，繼續煎烤。邊緣會開始捲起。這時用刮刀將蕎麥餅折成開放的正方形（完全折疊）。用糕點刷為蕎麥餅折起的邊緣刷上融化的奶油。

將蕎麥餅從可麗餅機（或平底煎鍋）內取下，擺在餐盤上。

另外3個蕎麥餅也重複同樣的步驟。

可麗餅4個

準備：**30分鐘**
蛋白霜烤：**6小時**
可麗餅煎：**2分鐘**

LES CRÊPES 可麗餅

- 可麗餅麵糊360毫升（見17頁配方）
- 融化的半鹽奶油40克

LA CRÈME DE CITRON 檸檬奶油醬

- 放養的雞蛋2顆
- 砂糖50克
- 檸檬汁50毫升
- 半鹽奶油50克

LA MERINGUE 蛋白霜

- 蛋白50克(約2顆蛋)
- 糖粉50克
- 砂糖50克

CONSEIL 建議

隔水加熱的溫度不應過高，以免將含有蛋的備料一起煮熟。

MODE DE PLIAGE 折疊方式

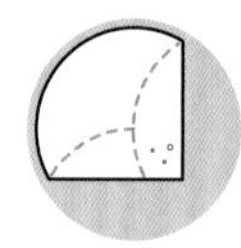

CRÊPE À LA CRÈME DE CITRON ET MERINGUE

檸檬奶油蛋白霜可麗餅

製作檸檬奶油醬：將蛋連糖一起攪打至泛白。隔水加熱蛋糖糊，以細流狀緩緩倒入檸檬汁。蛋糖糊將會濃稠變硬，這時加入切成小塊的奶油，攪拌至形成奶油醬。

製作蛋白霜：將烤箱預熱至90℃（溫控器3）。一邊以細流狀緩緩倒入糖粉和砂糖，將蛋白打發成泡沫狀(使用電動攪拌機或手動打蛋器)。用裝有花嘴的擠花袋或大湯匙，將蛋白霜擺在鋪有烤盤紙的烤盤上。入烤箱烤約6小時，烤至成為酥脆的蛋白餅。

將可麗餅機(或平底煎鍋)加熱至220℃。倒入90毫升的麵糊，均勻鋪開。用糕點刷為可麗餅刷上融化的奶油。這時用刮刀將可麗餅折成扇形。將可麗餅從可麗餅機(或平底煎鍋)內取下，翻面擺在餐盤上。

鋪上40毫升的檸檬奶油醬，接著撒上15克剝成小塊的蛋白餅。

另外3個可麗餅也重複同樣的步驟。

可麗餅4個

準備：**30分鐘**
烹調：**8分鐘**
冷藏靜置：**1個晚上**

LES CRÊPES 可麗餅

- 可麗餅麵糊360毫升（見17頁配方）
- 融化的半鹽奶油40克
- 烤杏仁片60克

LES ABRICOTS POCHÉS 糖煮杏桃

- 杏桃8顆
- 水500毫升
- 白糖150克
- 檸檬汁20毫升

LE MIEL CITRON 檸檬蜂蜜

- 檸檬50克
- 蜂蜜100克

CONSEIL 建議

如果杏桃不夠熟，可稍微煮一下。如果杏桃已充分成熟，只要將杏桃擺在熱糖漿中即可，不必烹煮。

MODE DE PLIAGE 折疊方式

CRÊPE ABRICOTS POCHÉS, MIEL CITRON

ET AMANDES GRILLÉES

檸檬蜂蜜烤杏仁佐糖煮杏桃的可麗餅

前1天，準備杏桃：清洗、去皮並去核。在大型平底深鍋中倒入水、糖和檸檬汁。煮沸，接著加入杏桃。關火，讓杏桃在糖漿中浸漬一個晚上。

當天，製作檸檬蜂蜜：將檸檬榨汁，將蜂蜜倒入檸檬汁中。

將烤箱預熱至180°C（溫控器6）。將杏仁片擺在烤盤上，入烤箱烤至形成漂亮的金黃色。

將可麗餅機（或平底煎鍋）加熱至220°C。倒入90毫升的麵糊，均勻鋪開。用糕點刷為可麗餅刷上融化的奶油。這時用刮刀將可麗餅折成三角形。將可麗餅擺在餐盤上。用糕點刷為可麗餅刷上融化的奶油，擺上3塊切半的糖煮杏桃、30克的蜂蜜檸檬和15克的烤杏仁片（可加入1小球冰淇淋）。

另外3個可麗餅也重複同樣的步驟。

CRÊPE CERISES CONFITES ET QUENELLE DE CHANTILLY
糖漬櫻桃與香醍鮮奶油的可麗餅

可麗餅4個

準備：**30分鐘**
冷藏靜置：**1個晚上**
烹調：**8分鐘**

LES CRÊPES 可麗餅

- 可麗餅麵糊360毫升（見17頁配方）
- 融化的半鹽奶油40克

LES CERISES CONFITES 糖漬櫻桃

- 櫻桃300克
- 櫻桃酒300毫升
- 白酒150毫升
- 砂糖60克
- 檸檬汁70毫升

LA CHANTILLY 香醍鮮奶油

- 脂肪含量35%的液狀鮮奶油250毫升
- 糖粉15克

CONSEIL 建議

為了形成漂亮的梭形香醍鮮奶油，請務必將使用的器具預先冷藏。

MODE DE PLIAGE 折疊方式

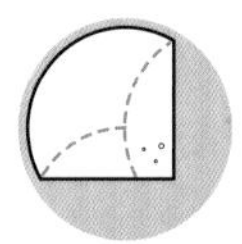

前1天，製作糖漬櫻桃：清洗櫻桃並去核。在平底深鍋中放入櫻桃酒和白酒，接著以小火加熱。倒入糖和檸檬汁，加入櫻桃，煮約8分鐘。關火，靜置1整晚。

當天，製作香醍鮮奶油：將鮮奶油打發，同時緩緩倒入糖。鮮奶油應充分打發。

將可麗餅機（或平底煎鍋）加熱至220℃。倒入90毫升的麵糊，均勻鋪開。用糕點刷為可麗餅刷上融化的奶油。用刮刀將可麗餅折成扇形，接著翻面擺在餐盤上。

將糖漬櫻桃放在可麗餅上，中央舀上1球梭形的香醍鮮奶油。

另外3個可麗餅也重複同樣的步驟。

可麗餅4個

準備：**10分鐘**
烹調：**4分鐘**

LES CRÊPES 可麗餅

- 可麗餅麵糊360毫升
  （見17頁配方）
- 融化奶油40克
- 紅色莓果（草莓、覆盆子、黑醋栗、紅醋栗）300克

LA SAUCE AU CHOCOLAT BLANC 白巧克力醬

- 白巧克力100克
- 液狀鮮奶油50毫升

CONSEIL 建議

為了保留白巧克力的口感，溫度不應超過50°C。

MODE DE PLIAGE 折疊方式

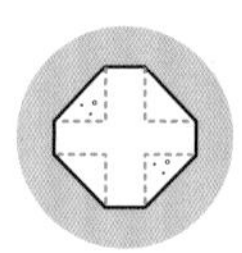

CRÊPE SAUCE AU CHOCOLAT BLANC ET FRUITS ROUGES
紅果可麗餅佐白巧克力醬

製作巧克力醬：將巧克力切碎，隔水加熱至融化。在平底深鍋中，以小火加熱鮮奶油。將微溫的鮮奶油淋在融化的巧克力上，拌勻。

將可麗餅機（或平底煎鍋）加熱至220°C。倒入90毫升的麵糊，均勻鋪開。用糕點刷為可麗餅刷上融化的奶油。這時用刮刀將可麗餅折成八角形，接著翻面擺在餐盤上。

用糕點刷為可麗餅刷上融化奶油，淋上¼的白巧克力醬，接著輕輕擺上預先洗淨並瀝乾的紅色莓果。

另外3個可麗餅也重複同樣的步驟。

可麗餅4個

準備：**20分鐘**
烹調：**10分鐘**

LES CRÊPES 可麗餅

- 可麗餅麵糊360毫升（見17頁配方）
- 半鹽奶油40克
- 新鮮覆盆子28顆

LA CRÈME DE PISTACHE 開心果蛋奶醬

- 整顆開心果50克
- 牛乳200毫升
- 放養的雞蛋1顆
- 糖50克
- 小麥粉15克

CONSEIL 建議

若要提前製作開心果蛋奶醬，請務必將保鮮膜緊貼在表面，以免乾燥結皮。

MODE DE PLIAGE 折疊方式

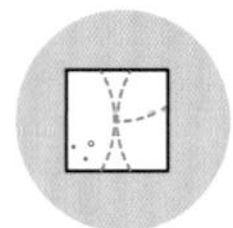

CRÊPE CRÈME DE PISTACHE ET FRAMBOISES FRAÎCHES

開心果蛋奶醬與新鮮覆盆子的可麗餅

在食物料理機的碗中放入開心果和牛乳攪打，倒入平底深鍋，以小火加熱。在沙拉碗中，將蛋和糖攪打至泛白，混入小麥粉，接著以細流狀倒入微溫的開心果牛乳，一邊攪拌。將蛋奶醬倒回平底深鍋，再度以小火加熱，一邊用木杓攪拌至蛋奶醬變得濃稠。

將可麗餅機（或平底煎鍋）加熱至220℃。倒入90毫升的麵糊，均勻鋪開。用糕點刷為可麗餅刷上融化的奶油。這時用刮刀將可麗餅折成正方形，接著翻面擺在餐盤上。

在可麗餅中央舀上¼的開心果蛋奶醬，用糕點刷為可麗餅刷上融化的奶油，擺上7顆新鮮覆盆子，可撒上少許切碎的開心果（分量外）。

另外3個可麗餅也重複同樣的步驟。

Breizh café 農場位於 Cancale 康卡勒和 San-Malo 聖馬洛之間的 Saint-Coulomb 聖庫隆，面向 Duguesclin 杜格斯克林灣。

這個農場可讓 Atelier de la crêpe 可麗餅工作坊的學員瞭解農林業、季節性、永續農業和尊重短鏈供應的生態方法。

Saint-Malo 聖馬洛港（左）和 Quai de Terre Neuve 新陸碼頭（右）。

LES RECETTES D'ÉTÉ
夏季配方

蕎麥餅4個

準備：**20分鐘**
烹調　：**10分鐘**
冷藏靜置：**1個晚上**

LES GSLETTES 蕎麥餅

- 蕎麥餅麵糊500毫升
  （見15頁配方）
- 融化半鹽奶油40克

LES RILLETTES DE SARDINES 沙丁魚肉醬

- 紅蔥頭100克
- 半鹽奶油120克
- 液狀鮮奶油350毫升
- 罐裝沙丁魚250克
- 細香蔥(ciboulette)15克

CONSEIL 建議

- 可搭配調味過的沙拉(見26頁配方)享用這道蕎麥餅。
- 在可麗餅機(或平底煎鍋)上將蕎麥餅翻面後，務必將這一面煎至酥脆。

MODE DE PLIAGE 折疊方式

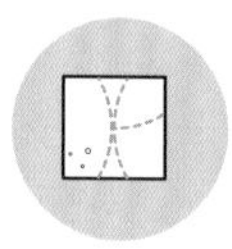

GALETTE RILLETTES DE SARDINES
沙丁魚肉醬蕎麥餅

前1天，製作沙丁魚肉醬：將紅蔥頭剝皮並切碎。在平底深鍋中，將奶油加熱至融化，將紅蔥頭炒至出汁，接著倒入鮮奶油，以小火將湯汁收乾一半。在攪拌碗中放入預先瀝乾且用叉子壓碎的沙丁魚，加入切碎的細香蔥，再將紅蔥頭鮮奶油淋在沙丁魚上，拌勻。冷藏保存1個晚上。

當天，將可麗餅機(或平底煎鍋)加熱至250℃。倒入125毫升的麵糊，均勻鋪開。用糕點刷在蕎麥餅表面刷上融化的奶油。加入150克的沙丁魚肉醬，繼續煎烤。邊緣會開始捲起。這時用刮刀將烘烤折成正方形，翻面。用糕點刷為蕎麥餅刷上融化的奶油。

將蕎麥餅從可麗餅機(或平底煎鍋)內取下，擺在餐盤上。

另外3個蕎麥餅也重複同樣的步驟。

蕎麥餅4個

準備：**30分鐘**
烹調：**30分鐘**

LES GALETTES 蕎麥餅

- 蕎麥餅麵糊500毫升（見15頁配方）
- 融化的半鹽奶油40克
- 艾曼塔乳酪絲120克
- 西班牙香腸（chorizo）120克

LE COULIS DE TOMATES SÉCHÉES 番茄乾庫利

- 番茄乾（tomates séchées）50克
- 橄欖油25毫升
- 飲用水50毫升

LES POIVRONS GRILLÉS 烤甜椒

- 青椒250克
- 黃甜椒250克
- 紅甜椒250克

CONSEIL 建議

用鋁箔紙將烤甜椒蓋好，以利去皮。

MODE DE PLIAGE 折疊方式

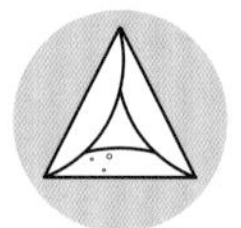

GALETTE CHORIZO, EMMENTAL,

POIVRONS GRILLÉS ET COULIS DE TOMATES SÉCHÉES

艾曼塔乳酪、烤甜椒的西班牙香腸蕎麥餅佐番茄乾庫利

製作番茄乾庫利：在電動攪拌機的碗中放入番茄乾、油和水。用電動攪拌機攪打，冷藏保存。

製作烤甜椒：將烤箱預熱至180℃（溫控器6）。將甜椒切半並去籽。擺在烤盤上，接著入烤箱烤10分鐘。烤至金黃色時，從烤箱取出，蓋上鋁箔紙。放涼後去皮並切絲。

將可麗餅機（或平底煎鍋）加熱至250℃。倒入125毫升的麵糊，均勻鋪開。用糕點刷為蕎麥餅刷上融化的奶油。在中央撒上30克的艾曼塔乳酪絲。加上50克的甜椒絲、30克切成圓形薄片的西班牙香腸，繼續煎烤。邊緣會開始捲起。用刮刀將蕎麥餅折成開放的三角形。用糕點刷為蕎麥餅折起的邊緣刷上融化的奶油。

將蕎麥餅從可麗餅機（或平底煎鍋）內取下，擺在餐盤上。舀入2大匙的番茄乾庫利。

另外3個蕎麥餅也重複同樣的步驟。

蕎麥餅4個

準備：**30分鐘**
烹調：**5分鐘**
冷藏靜置：**15分鐘**

LES GALETTES 蕎麥餅

- 蕎麥餅麵糊500毫升（見15頁配方）
- 融化半鹽奶油40克
- 艾曼塔乳酪絲120克
- 寇帕臘腸（coppa）120克

LA SAUCE AU BASILIC 羅勒醬

- 羅勒100克
- 大蒜1瓣
- 油400毫升
- 鹽1撮

LES LÉGUMES 蔬菜

- 茄子1個
- 櫛瓜1條
- 番茄1顆
- 橄欖油
- 鹽、胡椒

CONSEIL 建議

將茄子切片後，請立即烹煮，以免變黑。

MODE DE PLIAGE 折疊方式

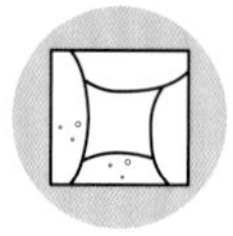

GALETTE COPPA,

BASILIC ET LÉGUMES DE SAISON

寇帕臘腸蕎麥餅佐羅勒與當季蔬菜

製作羅勒醬：在食物料理機的碗中放入羅勒葉、大蒜、油和鹽。用電動攪拌機攪打，冷藏保存15分鐘。

準備蔬菜：將茄子和櫛瓜切成厚5公釐的圓形薄片。依序用橄欖油翻炒，調味後離火，將番茄切成厚5公釐的圓形薄片，加入上述備料中。

將可麗餅機（或平底煎鍋）加熱至250℃。倒入125毫升的麵糊，均勻鋪開。用糕點刷為蕎麥餅刷上融化的奶油。撒上30克的艾曼塔乳酪絲，接著加入20克的茄子、20克的櫛瓜和20克的番茄，持續煎烤。邊緣會開始捲起，這時用刮刀將蕎麥餅折成開放的正方形（完全折疊）。用糕點刷為蕎麥餅折起的邊緣刷上融化的奶油。

將蕎麥餅從可麗餅機（或平底煎鍋）內取下，擺在餐盤上。舀入2大匙的羅勒醬，擺上寇帕臘腸。

另外3個蕎麥餅也重複同樣的步驟。

蕎麥餅4個

準備：**30分鐘**
烹調：**30分鐘**

LES GALETTES 蕎麥餅

- 蕎麥餅麵糊500毫升（見15頁配方）
- 融化的半鹽奶油80克
- 新鮮山羊乳酪120克
- 生火腿（jambon cru）120克

LA RATATOUILLE 普羅旺斯燉菜

- 洋蔥125克
- 番茄500克
- 大蒜1瓣
- 黃甜椒、紅甜椒和青椒125克
- 茄子125克
- 櫛瓜125克
- 橄欖油100毫升

MODE DE PLIAGE 折疊方式

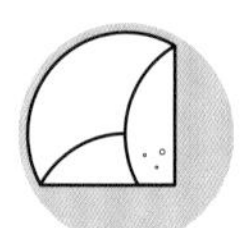

GALETTE RATATOUILLE,

CHÈVRE ET JAMBON CRU

普羅旺斯燉菜、山羊乳酪與生火腿的蕎麥餅

製作普羅旺斯燉菜：將洋蔥剝皮並切碎。將番茄切成小丁。在平底深鍋中，以大火加熱少許橄欖油，將洋蔥炒至出汁。加入番茄，加蓋，以小火慢燉。將大蒜去皮並切碎。甜椒、茄子和櫛瓜切成1公分的小丁，個別分開保存。在平底煎鍋中，以大火加熱剩餘的橄欖油，用少許蒜末炒甜椒，調味。茄子和櫛瓜也分別以同樣方式處理。再將所有蔬菜連同番茄一同放入平底深鍋中。拌勻後以小火慢燉約20分鐘。

將可麗餅機（或平底煎鍋）加熱至250℃。倒入125毫升的麵糊，均勻鋪開。用糕點刷為蕎麥餅刷上融化的奶油。在中央鋪入150克的普羅旺斯燉菜和30克的新鮮山羊乳酪，繼續煎烤。邊緣會開始捲起，這時用刮刀將蕎麥餅折成扇形。用糕點刷為蕎麥餅折起的邊緣刷上融化的奶油。

將蕎麥餅從可麗餅機（或平底煎鍋）內取下，擺在餐盤上。將30克的生火腿放在蕎麥餅上。

另外3個蕎麥餅也重複同樣的步驟。

ROULÉ DE GALETTE AU CHÈVRE FRAIS ET AUX TOMATES SÉCHÉES

新鮮山羊乳酪番茄乾的蕎麥餅卷

卷餅1個

準備：**15分鐘**
煎烤：**2分鐘**
冷藏靜置：**30分鐘**

- 蕎麥餅麵糊125毫升（見15頁配方）
- 融化半鹽奶油10克
- 新鮮山羊乳酪（chèvre frais）50克
- 油漬番茄乾（tomates séchées）30克

CONSEIL 建議

煎第二面的時間要短於第一面。

MODE DE PLIAGE 折疊方式

將可麗餅機（或平底煎鍋）加熱至250℃。倒入麵糊，均勻鋪開。用糕點刷為蕎麥餅刷上融化的奶油。煎幾秒至邊緣捲起，接著將蕎麥餅翻面，煎另一面。在網架上放涼。

用小湯匙製作梭形的新鮮乳酪。在蕎麥餅一側排成一排。將番茄乾切成小塊，接著擺在山羊乳酪上。

將蕎麥餅緊緊地捲起。用保鮮膜將蕎麥餅卷包好，冷藏保存30分鐘。

將蕎麥餅卷切成一口大小，擺在餐盤上。

Crêpe crème de coco,

Sauce chocolat et noix de coco râpée

椰子奶油、巧克力醬的可麗餅佐椰子絲

可麗餅4個

準備：**20分鐘**
煎烤：**5分鐘**
冷藏靜置：**30分鐘**

LES CRÊPES 可麗餅

- 可麗餅麵糊360毫升（見17頁配方）
- 融化的半鹽奶油40克
- 椰子絲40克

LA CRÈME DE COCO 椰子奶油醬

- 半鹽奶油（常溫）50克
- 白糖50克
- 放養的雞蛋1顆
- 椰子絲50克

LA SAUCE CHOCOLAT 巧克力醬

- 巧克力50克
- 液狀鮮奶油75毫升

CONSEIL 建議

用橡皮刮刀而非打蛋器攪拌椰子奶油醬，以免混入空氣。

MODE DE PLIAGE 折疊方式

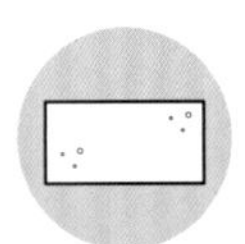

製作椰子奶油醬：用橡皮刮刀混合室溫回軟的奶油和糖。在攪拌好呈膏狀的奶油中混入蛋。加入椰子絲，拌勻。冷藏靜置30分鐘。

將巧克力切碎放在容器中，隔水加熱至融化。在平底深鍋中以小火加熱鮮奶油，微溫時淋在巧克力上，拌勻。

將可麗餅機（或平底煎鍋）加熱至220°C。倒入90毫升的麵糊，均勻鋪開。用糕點刷為可麗餅刷上融化的奶油。在中央鋪上¼的椰子奶油醬，用刮刀將可麗餅折成長方形，接著直接翻面擺在餐盤上。用糕點刷為可麗餅刷上融化的奶油，以¼的巧克力醬劃出十字格紋，撒上¼的椰子絲。

另外3個可麗餅也重複同樣的步驟。

可麗餅4個

準備：**30分鐘**
烹調：**30分鐘**
冷藏靜置：**1個晚上**

LES CRÊPES 可麗餅

- 可麗餅麵糊360毫升（見17頁配方）
- 融化的半鹽奶油20克
- 草莓8顆

LA COMPOTE DE RHUBARBE 糖煮大黃

- 大黃500克
- 糖100克

LE COULIS DE FRAISES 草莓庫利

- 草莓100克
- 砂糖30克
- 檸檬汁3毫升

CONSEIL 建議

大黃越酸，需加入的糖就越多。

MODE DE PLIAGE 折疊方式

CRÊPE COMPOTE DE RHUBARBE ET COULIS DE FRAISES

糖煮大黃與草莓庫利的可麗餅

前1天，製作糖煮大黃：將大黃去皮，切成2公分的小丁，連同糖一起放入容器中，冷藏保存一個晚上。

當天，過濾出果汁，保存果汁和大黃。在平底深鍋中，以小火將果汁煮至濃縮。這時加入大黃，燉煮。

製作草莓庫利：清洗草莓並去蒂。用食物料理機攪打草莓、糖和檸檬汁。用細孔濾器過濾出草莓庫利。

將8顆草莓切成小丁。

將可麗餅機（或平底煎鍋）加熱至220℃。倒入90毫升的麵糊，均勻鋪開。用糕點刷為可麗餅刷上融化的奶油。將可麗餅擺在餐盤上。舀入¼的糖煮大黃，將可麗餅折成錢包狀，接著小心地放在另一個餐盤上。在周圍淋上¼的草莓庫利，擺上約10克的草莓丁。

另外3個可麗餅也重複同樣的步驟。

ATELIER
CRÊPE

CRÊPE COMPOTE DE NECTARINES ET COULIS DE FRAMBOISES
糖煮油桃與覆盆子庫利的可麗餅

可麗餅4個

準備：**30分鐘**
烹調：**30分鐘**

LES CRÊPES 可麗餅

- 可麗餅麵糊360毫升（見17頁配方）
- 融化的半鹽奶油40克
- 油桃（nectarine）2顆

LA COMPOTE DE NECTARINES 糖煮油桃

- 油桃1公斤
- 水20毫升

LE COULIS DE FRAMBOISES 覆盆子庫利

- 覆盆子100克
- 砂糖40克
- 水40毫升

CONSEIL 建議

若要輕鬆為油桃去皮，可先浸入沸水30秒，再浸入冰水30秒。

MODE DE PLIAGE 折疊方式

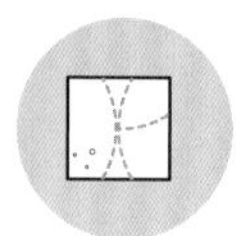

製作糖煮油桃：將水果去皮並去核，接著切成4塊。將油桃和水放入平底深鍋，以小火燉煮。

製作覆盆子庫利：清洗覆盆子。在平底深鍋中加熱糖和水。加入水果，攪拌。用食物料理機攪打。

將可麗餅機（或平底煎鍋）加熱至220°C。倒入90毫升的麵糊，均勻鋪開。用糕點刷為可麗餅刷上融化的奶油。擺上¼的糖煮油桃。這時用刮刀將可麗餅折成正方形，接著翻面擺在餐盤上。淋上¼的庫利，放上油桃薄片。

另外3個可麗餅也重複同樣的步驟。

可麗餅4個

準備：**20分鐘**
烹調：**10分鐘**

LES CRÊPES 可麗餅

- 可麗餅麵糊360毫升（見17頁配方）
- 融化的半鹽奶油40克
- 椰子絲40克

L'ANANAS CARAMÉLISÉ AU RHUM 蘭姆焦糖鳳梨

- 鳳梨1顆
- 半鹽奶油100克
- 糖200克
- 液狀鮮奶油80毫升
- 蘭姆酒20毫升

CONSEIL 建議

如果想製作無酒精可麗餅，可用鳳梨汁取代蘭姆酒。

MODE DE PLIAGE 折疊方式

CRÊPE ANANAS CARAMÉLISÉ AU RHUM ET COCO RÂPÉE

椰子絲與蘭姆焦糖鳳梨的可麗餅

準備鳳梨：將鳳梨削皮，切成4塊。去掉鳳梨芯，將果肉切成厚2公分的塊狀。

在平底煎鍋中，用大火將奶油加熱至融化。倒入糖，加入水果塊：兩面都必須煎至焦糖化。倒入鮮奶油和蘭姆酒以中止焦糖化。

將可麗餅機（或平底煎鍋）加熱至220℃。倒入90毫升的麵糊，均勻鋪開。用糕點刷為可麗餅刷上融化的奶油。這時用刮刀將可麗餅折成三角形，接著翻面擺在餐盤上。

將焦糖鳳梨加熱幾秒，在可麗餅上放3塊焦糖鳳梨，接著淋上一些焦糖汁，再撒上椰子絲。

另外3個可麗餅也重複同樣的步驟。

可麗餅4個

準備：30分鐘
烹調：30分鐘
靜置：1個晚上

LES CRÊPES 可麗餅

- 可麗餅麵糊360毫升（見17頁配方）
- 融化的半鹽奶油40克
- 葡萄柚果瓣20片

LE CARAMEL AU BEURRE SALÉ 鹽味焦糖

- 半鹽奶油50克
- 糖60克
- 液狀鮮奶油60毫升
- 水20毫升

LE SIROP DE GINGEMBRE 薑糖漿

- 薑25克
- 砂糖25克
- 檸檬汁5毫升

LE GINGEMBRE CONFIT 糖漬薑

- 薑100克
- 水250毫升
- 糖100克
- 檸檬汁少許

MODE DE PLIAGE 折疊方式

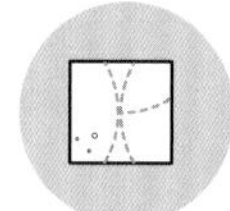

CRÊPE PAMPLEMOUSSE ET CARAMEL BEURRE SALÉ AU GINGEMBRE
薑香葡萄柚與鹽味焦糖的可麗餅

前1天，製作薑糖漿：將薑去皮，刨絲至容器中。倒入糖，靜置1個晚上，讓薑排出水分。

前1天，製作糖漬薑：用蔬果切片器將100克的薑切片。在沸水中燙煮2分鐘後瀝乾。在平底深鍋中，用250毫升的水、100克的糖和少許檸檬汁製作糖漿，使用糖漿來煮薑片10分鐘。冷藏保存1個晚上。

當天，在平底深鍋中放入糖漬薑，倒入少許檸檬汁。以小火慢燉20分鐘，煮至薑片變得透明。

製作鹽味焦糖：在平底深鍋中，將奶油加熱至融化。倒入糖拌勻，以大火煮至形成焦糖，離火。以另一個深鍋小火加熱液態鮮奶油，接著倒入焦糖中。

在焦糖中混入薑糖漿，接著拌勻。

將可麗餅機（或平底煎鍋）加熱至220℃。倒入90毫升的麵糊，均勻鋪開。用糕點刷為可麗餅刷上融化的奶油。用刮刀將可麗餅折成正方形，接著翻面擺在餐盤上。用糕點刷為可麗餅刷上融化的奶油，擺上5瓣葡萄柚排成星形，接著淋上¼的薑香焦糖漿，最後在中央擺上幾片的糖漬薑。

另外3個可麗餅也重複同樣的步驟。

在 Breizh Café，你可以盡情享用來自世界各地的小麥可麗餅和有機蕎麥餅搭配蘋果酒。
Breizh Café是 Atelier de la crêpe可麗餅工作坊的正式合作夥伴。

BREIZH Café
CRÊPERIE

San-Malo聖馬洛的 Sillon席隆海灘。

LES RECETTES D'AUTOMNE

秋季配方

GALETTE COMPOTE DE POMMES ET ANDOUILLE GRILLÉE
烤辣燻腸與糖煮蘋果的蕎麥餅

蕎麥餅4個

準備：**20分鐘**
烹調：**30分鐘**

LES GALETTES 蕎麥餅

- 蕎麥餅麵糊500毫升
  （見15頁配方）
- 半鹽奶油40克
- 維爾辣燻腸（andouille de Vire）16片

LA COMPOTE DE POMMES 糖煮蘋果

- 蘋果1公斤
- 過濾水200毫升

MODE DE PLIAGE 折疊方式

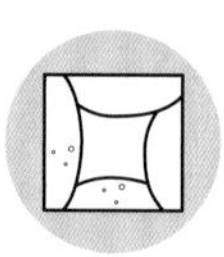

製作糖煮蘋果：將蘋果去皮，接著切成4塊並去核。在平底深鍋中倒入水，加入蘋果塊，以小火慢燉。不時攪拌，煮至蘋果軟化（但不要用食物料理機攪碎）。

用熱的平底煎鍋或電熱烤盤加熱辣燻腸片。

將可麗餅機（或平底煎鍋）加熱至250℃。倒入125毫升的麵糊，均勻鋪開。用糕點刷為蕎麥餅刷上融化的奶油。在中央擺上150克的糖煮蘋果，加上4片烤辣燻腸，繼續煎烤。邊緣會開始捲起。用刮刀將蕎麥餅折成開放的正方形（完全折疊）。用糕點刷為蕎麥餅折起的邊緣刷上融化的奶油。

用刮刀將蕎麥餅擺在餐盤上。

另外3個蕎麥餅也重複同樣的步驟。

蕎麥餅4個

準備：**30分鐘**
烹調：**5分鐘**

LES GALETTES 蕎麥餅

- 蕎麥餅麵糊500毫升
（見15頁配方）
- 融化半鹽奶油40克
- 奧弗涅藍紋乳酪（bleu d'Auvergne）200克
- 松子40克

LES POIRES POÊLÉES 香煎洋梨

- 洋梨1公斤
- 半鹽奶油75克
- 糖40克

CONSEIL 建議

可用核桃取代松子。

MODE DE PLIAGE 折疊方式

GALETTE FROMAGE BLEU D'AUVERGNE, POIRES POÊLÉES,

PIGNONS DE PIN

香煎洋梨、松子與奧弗涅藍紋乳酪的蕎麥餅

製作香煎洋梨：清洗洋梨，去皮並去核，接著切丁。在平底煎鍋中用奶油煎成金黃色，接著倒入糖，煮至焦糖化。

將可麗餅機（或平底煎鍋）加熱至250℃。倒入125毫升的麵糊，均勻鋪開。用糕點刷為蕎麥餅刷上融化的奶油。在中央擺上50克的藍紋乳酪碎，放入60克的香煎洋梨，繼續煎烤。邊緣會開始捲起。這時用刮刀將蕎麥餅折成開放的正方形（完全折疊）。用糕點刷為蕎麥餅折起的邊緣刷上融化的奶油。

在乳酪完全融化時，用刮刀將蕎麥餅擺在餐盤上，撒上10克的松子。

另外3個蕎麥餅也重複同樣的步驟。

蕎麥餅4個

準備：**30分鐘**
烹調：**20分鐘**
冷藏靜置：**1個晚上**

LES GALETTES 蕎麥餅

- 蕎麥餅麵糊500毫升（見15頁配方）
- 融化半鹽奶油40克
- 新鮮山羊乳酪200克
- 核桃40克

LA CONFITURE DE RAISINS 葡萄果醬

- 葡萄150克
- 檸檬汁少許
- 蜂蜜30克
- 糖30克

CONSEIL 建議

在用食物料理機攪打之前，先讓葡萄的水分充分排乾，只保留果肉，不要果汁。

MODE DE PLIAGE 折疊方式

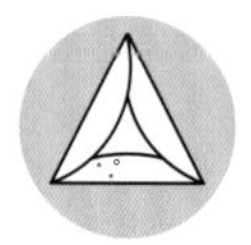

GALETTE CHÈVRE FRAIS, CONFITURE DE RAISINS

新鮮山羊乳酪蕎麥餅佐葡萄果醬

前1天，製作葡萄果醬：將葡萄切半，去籽。將葡萄放入大沙拉碗中，接著加入檸檬汁、蜂蜜和糖。冷藏保存一個晚上，讓葡萄將水分排出。

當天，將葡萄和葡萄汁倒入平底深鍋中，煮約20分鐘。接著瀝乾果汁，將葡萄用食物料理機攪打成葡萄果醬。

將可麗餅機（或平底煎鍋）加熱至250℃。倒入125毫升的麵糊，均勻鋪開。用糕點刷為蕎麥餅刷上融化的奶油。在中央擺上50克的新鮮乳酪，繼續煎烤。邊緣會開始捲起。這時用刮刀將蕎麥餅折成開放的三角形。用糕點刷為蕎麥餅折起的邊緣刷上融化的奶油。

用刮刀將蕎麥餅擺在餐盤上。淋上1圈的葡萄果醬，再撒上10克剝半的核桃。

另外3個蕎麥餅也重複同樣的步驟。

GALETTE CAMEMBERT, GELÉE DE CIDRE,

JAMBON CRU ET SALADE

生火腿沙拉、蘋果果凝與卡門貝爾乳酪的蕎麥餅

蕎麥餅4個

準備：**20分鐘**
煎烤：**5分鐘**
冷藏靜置：**6小時**

LES GALETTES 蕎麥餅

- 蕎麥餅麵糊500毫升（見15頁配方）
- 融化半鹽奶油40克
- 卡門貝爾乳酪（camembert）200克
- 生火腿（jambon cru）160克

LA GELÉE DE CIDRE 蘋果酒果凝

- 不甜蘋果酒（cidre brut）200毫升
- 洋菜（agar-agar）3克
- 蘋果汁200毫升
- 糖100克

LA SALADE 沙拉

- 生菜160克
- 蘋果酒油醋醬（Vinaigrette au cidre）（見26頁配方）

CONSEIL 建議

如果用甜蘋果酒製作果凝，就減少配方中的糖。

MODE DE PLIAGE 折疊方式

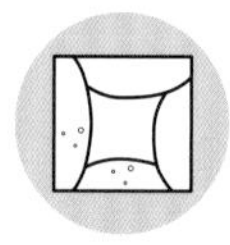

製作蘋果酒果凝：在容器中混合洋菜和2大匙的蘋果汁。在平底深鍋中，用大火加熱蘋果酒、剩餘的蘋果汁和糖。在液體煮沸時，調至小火，加入混合好的洋菜蘋果汁，用打蛋器拌匀。將備料倒入淺盤中，冷藏保存。

將可麗餅機（或平底煎鍋）加熱至250℃。倒入125毫升的麵糊，均勻鋪開。用糕點刷為蕎麥餅刷上融化的奶油。在中央擺上預先切成薄片的50克卡門貝爾乳酪，加入40克蘋果酒果凝，繼續煎烤。邊緣會開始捲起。這時用刮刀將蕎麥餅折成開放的正方形（完全折疊）。用糕點刷為蕎麥餅折起的邊緣刷上融化的奶油。

在乳酪充分融化時，用刮刀將蕎麥餅擺在餐盤上。

為沙拉調味，將40克的沙拉擺在蕎麥餅上，再放上40克的生火腿。

另外3個蕎麥餅也重複同樣的步驟。

蕎麥餅4個

準備：**20分鐘**
烹調：**30分鐘**

LES GALETTES 蕎麥餅

- 蕎麥餅麵糊500毫升（見15頁配方）
- 融化半鹽奶油40克
- 黑血腸（boudin noir）400克

LA COMPOTE DE POMMES 糖煮蘋果

- 蘋果700克
- 過濾水200毫升

LES POMMES SAUTÉES 香煎蘋果

- 蘋果500克
- 奶油35克

MODE DE PLIAGE 折疊方式

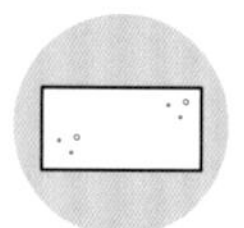

GALETTE BOUDIN NOIR ET POMMES SAUTÉES

香煎蘋果與黑血腸的蕎麥餅

製作糖煮蘋果：將蘋果去皮，接著切成4塊，去掉蘋果核。在平底深鍋中倒入水，加入蘋果塊，以小火慢燉。不時攪拌，煮至蘋果軟化（但不要用食物料理機攪碎）。

製作香煎蘋果：將蘋果去皮並去核，接著切成4塊。在平底煎鍋中用奶油翻炒：炒至外層呈現金黃色，但中間必須仍保持硬實。

用2根大湯匙製作3球梭形的黑血腸，接著用平底煎鍋煎烤。

將可麗餅機（或平底煎鍋）加熱至250℃。倒入125毫升的麵糊，均勻鋪開。用糕點刷為蕎麥餅刷上融化的奶油。加入100克的糖煮蘋果，繼續煎烤。邊緣會開始捲起。

這時用刮刀將蕎麥餅折成長方形。用糕點刷為蕎麥餅刷上融化的奶油，再翻面。

用刮刀將蕎麥餅擺在餐盤上。擺上2球梭形的黑血腸和3塊香煎蘋果。

另外3個蕎麥餅也重複同樣的步驟。

蕎麥餅4個

準備：**20分鐘**
煎烤：**5分鐘**

LES GALETTES蕎麥餅

- 蕎麥餅麵糊500毫升（見15頁配方）
- 融化的半鹽奶油40克
- 南特神甫乳酪（curé nantais fromage）240克

LES POMMES SAUTÉES 香煎蘋果

- 蘋果500克
- 奶油35克

LA SALADE沙拉

- 生菜160克
- 蘋果酒油醋醬（Vinaigrette au cidre）（見26頁配方）

MODE DE PLIAGE 折疊方式

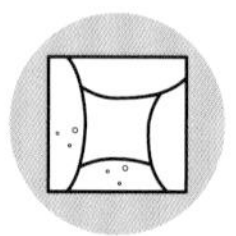

GALETTE CURÉ NANTAIS,

SALADE, POMMES SAUTÉES

南特神甫乳酪與香煎蘋果的蕎麥餅

製作香煎蘋果：將蘋果去皮並去核，接著切丁。在平底煎鍋裡用奶油煎蘋果：應煎至外層金黃，內部仍保持硬實。

將可麗餅機（或平底煎鍋）加熱至250℃。倒入125毫升的麵糊，均勻鋪開。用糕點刷在蕎麥餅表面刷上融化的奶油。在中央擺上60克的乳酪，加入60克的香煎蘋果繼續煎烤。邊緣會開始捲起。這時用刮刀將蕎麥餅折成開放的正方形（完全折疊）。用糕點刷為蕎麥餅折起的邊緣刷上融化的奶油。

在乳酪稍微融化時，用刮刀小心地將蕎麥餅擺在餐盤上。周圍撒上¼用蘋果酒油醋醬調味的生菜沙拉，形成圓環狀。

另外3個蕎麥餅也重複同樣的步驟。

ROULÉ DE GALETTE JAMBON, BEURRE-MOUTARDE
芥末奶油與火腿的蕎麥餅卷

卷餅 1 個

準備：**10分鐘**
煎烤：**2分鐘**
冷藏靜置：**30分鐘**

- 蕎麥餅麵糊125毫升（見15頁配方）
- 半鹽奶油（常溫）35克
- 芥末籽醬15克
- Bleu-Blanc-Coeur永續農業協會標章火腿40克

CONSEIL 建議

在製作後1至2小時再品嚐，柔軟度更恰到好處。

MODE DE PLIAGE 折疊方式

製作芥末奶油：混合室溫回軟的奶油和芥末籽醬。

將可麗餅機（或平底煎鍋）加熱至250°C。倒入麵糊，均勻鋪開。繼續煎烤，邊緣會開始捲起。用刮刀將蕎麥餅擺在砧板上。

將芥末奶油鋪在蕎麥餅的整個表面。在中央擺上火腿，接著將蕎麥餅緊緊地捲起。

將蕎麥餅卷以保鮮膜包起，冷藏30分鐘，直到奶油硬化。

將蕎麥餅卷切成一口大小，擺在餐盤上。

CRÊPE COMPOTE DE POMMES ET RAISINS AU CALVA
糖煮蘋果酒漬葡萄的可麗餅

可麗餅4個

準備：**20分鐘**
烹調：**20分鐘**
靜置：**1個晚上**

LES CRÊPES 可麗餅

- 可麗餅麵糊360毫升（見17頁配方）
- 融化的半鹽奶油40克
- 香草冰淇淋4球

LES RAISINS AU CALVA 蘋果酒漬葡萄

- 葡萄乾100克
- 蘋果白蘭地（calva）200毫升

LA COMPOTE DE POMMES 糖煮蘋果

- 蘋果700克
- 過濾水200毫升

CONSEIL 建議

靜置1個晚上後，在葡萄乾上添加焰燒過的蘋果白蘭地以滋潤葡萄乾。

MODE DE PLIAGE 折疊方式

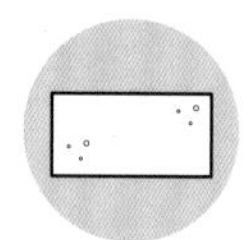

前1天，準備葡萄乾：放入平底深鍋中，倒入蘋果白蘭地，煮沸。在蘋果白蘭地開始沸騰時，離火，放涼，靜置1整晚，讓葡萄乾充分吸收蘋果白蘭地。

當天，製作糖煮蘋果：將蘋果去皮，接著切成4塊，去掉果核。在平底深鍋中倒入水，加入蘋果塊，以小火慢燉。不時攪拌，燉煮至蘋果碎爛（勿用食物料理機打碎）。

將可麗餅機（或平底煎鍋）加熱至220°C。倒入90毫升的麵糊，均勻鋪開。用糕點刷為可麗餅刷上融化的奶油，在中央擺上100克的糖煮蘋果。這時用刮刀將可麗餅折成長方形，翻面擺在餐盤上。用糕點刷為可麗餅刷上融化的奶油，加上30克的酒漬葡萄乾，再舀入1球冰淇淋。

另外3個可麗餅也重複同樣的步驟。

可麗餅4個

準備：**30分鐘**
烹調：**25分鐘**
靜置：**1個晚上**

LES CRÊPES 可麗餅

- 可麗餅麵糊360毫升（見17頁配方）
- 充分成熟的香蕉4根
- 融化的半鹽奶油40克

LE SIROP DE GINGEMBRE 薑糖漿

- 薑25克
- 砂糖25克
- 檸檬汁少許

LA SAUCE CHOCOLAT 巧克力醬

- 巧克力50克
- 液狀鮮奶油50毫升
- 過濾水20毫升

CONSEIL 建議

在製作這道配方時請優先選擇充分成熟的香蕉。如果香蕉不夠熟，請用奶油煎香蕉來取代。

MODE DE PLIAGE 折疊方式

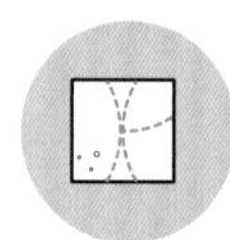

CRÊPE ÉCRASÉ DE BANANES,

SAUCE CHOCOLAT AU GINGEMBRE

薑香巧克力醬與香蕉碎的可麗餅

前1天，製作薑糖漿：將薑去皮，刨碎至容器中。倒入糖，靜置一整個晚上，讓薑排出水分。

當天，將薑糖漿放入平底深鍋中，倒入檸檬汁。以小火慢燉20分鐘，煮至薑變得透明。

製作巧克力醬：將巧克力切碎，隔水加熱至融化。在平底深鍋中，以小火加熱鮮奶油。將微溫的鮮奶油淋在融化的巧克力上，拌勻。最後加入約50毫升的薑糖漿。如果醬汁過稠，可加入少量的水。

將香蕉去皮、用叉子壓碎。

將可麗餅機（或平底煎鍋）加熱至220°C。倒入90毫升的麵糊，均勻鋪開。用糕點刷為可麗餅刷上融化的奶油。在中央擺上1根壓碎的香蕉，接著用刮刀將可麗餅折成正方形。

翻面擺在餐盤上。用糕點刷為可麗餅刷上融化的奶油，淋上薑香巧克力醬，可放入額外的香蕉片裝飾。

另外3個可麗餅也重複同樣的步驟。

ATELIER
DE LA CRÊPE
SAINT-MALO

CRÊPE POIRES POCHÉES,

SAUCE CHOCOLAT

巧克力醬燉梨可麗餅

可麗餅4個

準備：**15分鐘**
烹調：**15分鐘**
靜置：**1個晚上**

LES CRÊPES 可麗餅

- 可麗餅麵糊360毫升
  （見17頁配方）
- 融化的半鹽奶油40克

LES POIRES POCHÉES 燉洋梨

- 洋梨2顆
- 水250毫升
- 檸檬汁10毫升
- 糖125克

LA SAUCE CHOCOLAT 巧克力醬

- 巧克力50克
- 液狀鮮奶油75毫升

CONSEIL 建議

可用原味或鹽味焦糖、香料或薑來裝點燉洋梨。

MODE DE PLIAGE 折疊方式

前1天，製作燉洋梨：將洋梨去皮、去核並切半。在平底深鍋中倒入水、檸檬汁和糖，煮沸。這時加入切半洋梨，煮10分鐘（可視水果的熟度調整時間）。離火，接著靜置1整晚。

當天，製作巧克力醬：將巧克力切碎隔水加熱至融化。在平底深鍋中，將液狀鮮奶油加熱至微溫。倒入融化的巧克力中，拌勻。

將可麗餅機（或平底煎鍋）加熱至220℃。倒入90毫升的麵糊，均勻鋪開。用糕點刷為可麗餅刷上融化的奶油。這時用刮刀將可麗餅折成三角形，翻面後擺在餐盤上。

將煮好的切半洋梨切成薄片，在可麗餅中央排成環狀（每片可麗餅使用½顆洋梨）。在洋梨周圍淋上約30克的巧克力醬。

另外3個可麗餅也重複同樣的步驟。

CRÊPE CRÈME DE MARRONS ET CHANTILLY
栗子奶油香醍可麗餅

可麗餅4個

準備：**15分鐘**
烹調：**5分鐘**

LES CRÊPES 可麗餅

- 可麗餅麵糊400毫升
  （見17頁配方）
- 融化的半鹽奶油40克

LA CHANTILLY 香醍鮮奶油

- 脂肪含量35%的液狀鮮奶油 250毫升
- 糖粉15克

LA CRÈME DE MARRON 栗子鮮奶油

- 白糖10克
- 液狀鮮奶油50毫升
- 熟栗子100克

CONSEIL 建議

如果栗子鮮奶油過於濃稠而難以鋪開，可加入少量的水。

MODE DE PLIAGE 折疊方式

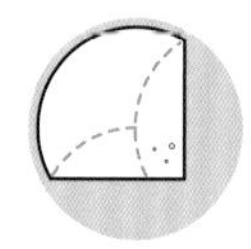

製作香醍鮮奶油：在冰涼的容器中放入鮮奶油，倒入糖粉，攪打至形成充分打發的香醍鮮奶油。

製作栗子鮮奶油：在平底深鍋中，將糖和鮮奶油一起加熱至糖融化，用食物料理機攪打熟栗子，一邊倒入糖和鮮奶油。

將可麗餅機（或平底煎鍋）加熱至220℃。倒入90毫升的麵糊，均勻鋪開。用糕點刷為可麗餅刷上融化的奶油。這時用刮刀將可麗餅折成扇形，接著翻面擺在餐盤上。在中央鋪上30克的栗子鮮奶油。

用大湯匙製作梭形香醍鮮奶油，擺在可麗餅中央。

另外3個可麗餅也重複同樣的步驟。

可麗餅4個

準備：**20分鐘**
烹調：**15分鐘**

LES CRÊPES 可麗餅

- 可麗餅麵糊360毫升（見17頁配方）
- 融化的半鹽奶油40克
- 新鮮無花果160克

LE CARAMEL AU BEURRE SALÉ AUX ÉPICES 香料鹹焦糖醬

- 液狀鮮奶油60毫升
- 半鹽奶油50克
- 白糖80克
- 水200毫升
- 香料麵包用香料粉7克

CONSEIL 建議

香煎無花果時，用大火煎兩面，接著離火。

MODE DE PLIAGE 折疊方式

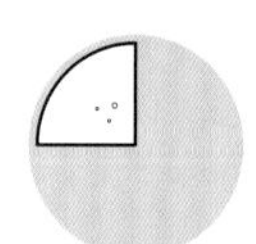

CRÊPE FIGUES ET CARAMEL AUX ÉPICES
香料焦糖無花果可麗餅

製作香料鹹焦糖醬：在平底深鍋中，以極小的火將鮮奶油加熱至微溫。在另一個平底深鍋中，將奶油加熱至融化，倒入糖拌勻，用大火煮至形成焦糖，攪拌同時小心糖漿噴濺。將平底深鍋離火，倒入微溫的鮮奶油拌勻，最後加入香料。

製作香煎無花果：將每顆無花果切成5塊，接著在平底煎鍋中，用大火以奶油香煎無花果片。

將可麗餅機（或平底煎鍋）加熱至220°C。倒入90毫升的麵糊，均勻鋪開。用糕點刷為可麗餅刷上融化的奶油。這時用刮刀將可麗餅折成¼塊，擺在餐盤上。

擺上¼的無花果片，在中央倒入15克的香料鹽味焦糖醬。

另外3個可麗餅也重複同樣的步驟。

蘋果酒就和可麗餅一樣，也是布列塔尼美食特產的一部分。
蘋果酒是當地生物多樣性的傳承，幸運的有多樣品種的蘋果，可為蕎麥與小麥帶來不同的香氣與搭配。

Breizh Café 從一開始就將自己定義為可麗餅店的概念，
但同時也是蘋果酒的酒吧，主題是「與衆不同的蘋果酒」。
蘋果酒在 Atelier de la crêpe 可麗餅工作坊的培訓中佔有重要地位，
學員必須知道如何將蕎麥餅或可麗餅與布列塔尼的蘋果酒相結合。

Saint-Malo 聖馬洛港（左）和 Quai de Terre Neuve 新陸碼頭（右）。

LES RECETTES D'HIVER

冬季配方

GALETTE FROMAGE À RACLETTE, JAMBON CRU,

POMMES DE TERRE ET CRÈME FRAÎCHE

烤瑞克雷乳酪、生火腿與馬鈴薯鮮奶油的蕎麥餅

蕎麥餅4個

準備：**20分鐘**
烹調：**25分鐘**

LES GALETTES 蕎麥餅

- 蕎麥餅麵糊500毫升（見15頁配方）
- 馬鈴薯200克
- 融化的半鹽奶油40克
- 濃稠（高脂）鮮奶油（crème fraiche épaisse）80克
- 瑞克雷乳酪絲（fromage à raclette râpée）160克
- 生火腿80克

CONSEIL 建議

為了讓瑞克雷乳酪更快融化，可將乳酪切成2至3片。

MODE DE PLIAGE 折疊方式

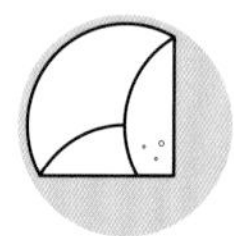

準備馬鈴薯：清洗馬鈴薯，在平底深鍋中，以加鹽沸水煮20分鐘。瀝乾後切成約厚1公分的圓形薄片。

將可麗餅機（或平底煎鍋）加熱至250℃。倒入125毫升的麵糊，均勻鋪開。用糕點刷在蕎麥餅表面刷上融化的奶油。鋪入50克的馬鈴薯、20克的鮮奶油和40克的乳酪，接著繼續煎烤。邊緣會開始捲起。這時用刮刀將蕎麥餅折成扇形。用糕點刷為蕎麥餅折起的邊緣刷上融化的奶油。

將蕎麥餅從可麗餅機（或平底煎鍋）內取下，擺在餐盤上。最後放上20克的生火腿。

另外3個蕎麥餅也重複同樣的步驟。

蕎麥餅4個

準備：**30分鐘**
烹調：**30分鐘**

LES GALETTES蕎麥餅

- 蕎麥餅麵糊500毫升（見15頁配方）
- 融化的半鹽奶油40克
- 農場香腸(saucisses de ferme) 4根

LA SAUCE MOUTARDE 芥末醬

- 液狀鮮奶油200毫升
- 傳統芥末醬(moutarde à l'ancienne) 30克
- 第戎芥末籽醬20克

LE CHOU BRAISÉ燉羽衣甘藍

- 羽衣甘藍(chou frisé) 1公斤
- 半鹽奶油20克
- 不甜蘋果酒200毫升
- 鹽10克

MODE DE PLIAGE 折疊方式

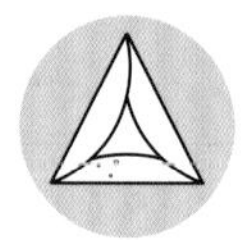

GALETTE CHOU BRAISÉ,

SAUCE MOUTARDE À L'ANCIENNE ET SAUCISSE

燉羽衣甘藍、傳統芥末醬和香腸的蕎麥餅

製作芥末醬：在平底深鍋中，以中火加熱鮮奶油。加入兩種芥末醬，拌勻，接著將湯汁收乾。

製作燉羽衣甘藍：將羽衣甘藍切至細碎。在煎炒鍋中，將奶油加熱至融化。加入羽衣甘藍，撒鹽並拌勻。倒入蘋果酒，加蓋，以小火慢燉20分鐘。羽衣甘藍應煮至軟化。這時將蓋子打開，讓液體蒸發。

用平底煎鍋煎烤香腸。切成厚片。

將可麗餅機(或平底煎鍋)加熱至250℃。倒入125毫升的麵糊，均勻鋪開。用糕點刷為蕎麥餅刷上融化的奶油。在中央鋪入150克的燉羽衣甘藍，繼續煎烤。邊緣會開始捲起。這時用刮刀將蕎麥餅折成開放的三角形。用糕點刷為蕎麥餅折起的邊緣刷上融化的奶油。

將蕎麥餅從可麗餅機(或平底煎鍋)內取下，擺在餐盤上。在蕎麥餅表面擺上¼的香腸片，佐上2大匙的芥末醬。

另外3個蕎麥餅也重複同樣的步驟。

蕎麥餅4個

準備：**15分鐘**
烹調：**20分鐘**

LES GALETTES蕎麥餅

- 蕎麥餅麵糊500毫升
  （見15頁配方）
- 半鹽奶油40克
- 煙燻鮭魚160克

LA FONDUE DE POIREAUX 燉煮韭蔥

- 韭蔥（poireaux）900克
- 半鹽奶油100克
- 鹽10克
- 液態鮮奶油100毫升

CONSEIL 建議

請使用白醋清洗韭蔥，仔細沖洗後用蔬果脫水器（essoreuse à salade）瀝乾。

MODE DE PLIAGE 折疊方式

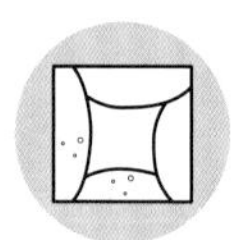

GALETTE FONDUE DE POIREAUX ET SAUMON FUMÉ
燉煮韭蔥與煙燻鮭魚的蕎麥餅

製作燉煮韭蔥：去掉韭蔥不要的部分，切成大段。清洗數次，去除所有的泥土。在平底深鍋中以大火加熱奶油。加入韭蔥，加鹽，以小火燉煮15分鐘。倒入液狀鮮奶油，一邊攪拌，煮至水分蒸發。

將可麗餅機（或平底煎鍋）加熱至250℃。倒入125毫升的麵糊，均勻鋪開。用糕點刷為蕎麥餅刷上融化的奶油。在中央擺上150克的燉煮韭蔥，煎1分鐘。加入40克的煙燻鮭魚。邊緣會開始捲起。這時用刮刀將蕎麥餅折成開放的正方形（完全折疊）。用糕點刷為蕎麥餅折起的邊緣刷上融化的奶油。

將蕎麥餅從可麗餅機（或平底煎鍋）內取下，擺在餐盤上。

另外3個蕎麥餅也重複同樣的步驟。

蕎麥餅4個

準備：**30分鐘**
煎烤：**20分鐘**

LES GALETTES 蕎麥餅

- 蕎麥餅麵糊500毫升（見15頁配方）
- 半鹽奶油40克
- 煙燻培根（poitrine fumée）120克
- 霍布洛雄（reblochon）乳酪160克

LA FONDUE D'ENDIVES 燉煮菊苣

- 菊苣（endive）1公斤
- 半鹽奶油50克
- 鹽8克
- 糖2克

LA SAUCE CRÉMEUSE 鮮奶油醬

- 菊苣汁200毫升
- 液態鮮奶油（crème fraîche liquide）200毫升
- 半鹽奶油5克
- 小麥粉3克
- 糖（如有需要）

MODE DE PLIAGE 折疊方式

GALETTE FONDUE D'ENDIVES,

POITRINE GRILLÉE ET REBLOCHON

燉煮菊苣、霍布洛雄乳酪與培根的蕎麥餅

製作燉煮菊苣：將菊苣切成寬2公分的圓形薄片。在平底深鍋中，以小火將奶油加熱至融化。加入菊苣、鹽和糖。加蓋燉煮，不時攪拌。菊苣會生出大量湯汁：瀝乾，將湯汁保存在平底深鍋中。

製作鮮奶油醬：將菊苣汁放入平底深鍋，以大火加熱，將湯汁收乾一半。加入鮮奶油，品嚐醬汁：如果醬汁還有點苦澀，可加入少許砂糖。在另一個平底深鍋中加熱鮮奶油，倒入小麥粉，攪拌至均勻沒有結塊，將此油糊（roux）倒入醬汁中，拌勻。

用平底煎鍋或電熱烤盤煎煙燻培根。

將可麗餅機（或平底煎鍋）加熱至250°C。倒入125毫升的麵糊，均勻鋪開。用糕點刷為蕎麥餅刷上融化的奶油。在中央擺上100克的燉煮菊苣，加入40克切成薄片的霍布洛雄乳酪，繼續煎烤。邊緣會開始捲起，加入鮮奶油醬。這時用刮刀將蕎麥餅折成開放的正方形（完全折疊）。用糕點刷為蕎麥餅折起的邊緣刷上融化的奶油。

確認霍布洛雄乳酪已融化。將蕎麥餅從可麗餅機（或平底煎鍋）內取下，擺在餐盤上。加入¼的煎培根，淋上2大匙的鮮奶油醬。

另外3個蕎麥餅也重複同樣的步驟。

蕎麥餅4個

準備：**15分鐘**
烹調：**20分鐘**

LES GALETTES 蕎麥餅

- 蕎麥餅麵糊500毫升
（見15頁配方）
- 融化的半鹽奶油40克
- 艾曼塔乳酪絲120克

LE POULET À LA CRÈME ET À MOUTARDE 芥末奶油雞

- 雞里脊1公斤
- 洋蔥250克
- 蘑菇500克
- 蘋果酒350毫升
- 液狀鮮奶油500毫升
- 芥末籽醬50克
- 葵花油
- 鹽、胡椒

CONSEIL 建議

務必在整個蕎麥餅表面撒上艾曼塔乳酪絲，以免盛盤時蕎麥餅裂開。

MODE DE PLIAGE 折疊方式

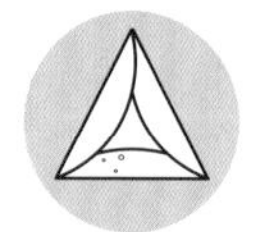

GALETTE POULET À LA CRÈME,

OIGNONS ET MOUTARDE

芥末洋蔥與奶油雞肉的蕎麥餅

準備雞肉：將雞里脊切成大塊。將洋蔥剝皮並切碎。清洗蘑菇並切至細碎。在煎炒鍋中加油，用大火將雞里脊塊煎至金黃色，依個人口味調味。在雞肉煎熟時，擺在一旁。以同一個煎炒鍋，倒入蘋果酒，以大火煮至濃縮。將鍋底殘餘的肉汁刮乾淨，溶解黏在鍋底的精華（déglacer）。以小火加入洋蔥和蘑菇，繼續加熱20分鐘。加入芥末籽醬和鮮奶油，再將雞肉塊放回煎炒鍋中，拌勻。

將可麗餅機（或平底煎鍋）加熱至250℃。倒入125毫升的麵糊，均勻鋪開。用糕點刷為蕎麥餅刷上融化的奶油。在蕎麥餅中央撒上30克的艾曼塔乳酪絲，加上150克的芥末奶油雞，接著繼續煎烤。邊緣會開始捲起。這時用刮刀將蕎麥餅折成開放的三角形。用糕點刷為蕎麥餅折起的邊緣刷上融化的奶油。

將蕎麥餅從可麗餅機（或平底煎鍋）內取下，擺在餐盤上。

另外3個蕎麥餅也重複同樣的步驟。

蕎麥餅4個

準備：**20分鐘**
烹調：**45分鐘**

LES GALETTES 蕎麥餅

- 蕎麥餅麵糊500毫升
（見15頁配方）
- 融化的半鹽奶油40克
- 蝦16隻

L'ÉCRASÉ DE CAROTTES 碎胡蘿蔔

- 胡蘿蔔1公斤
- 半鹽奶油100克
- 液態鮮奶油100毫升
- 香菜葉10克
- 孜然粉5克

LA SAUCE À L'ORANGE ET AU CIDRE 柳橙蘋果酒醬

- 柳橙汁600毫升
- 不甜蘋果酒600毫升
- 半鹽奶油60克

CONSEIL 建議

可用海螯蝦或龍蝦搭配這道蕎麥餅。

MODE DE PLIAGE 折疊方式

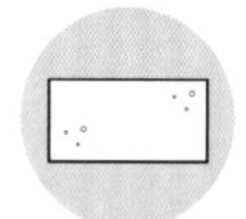

GALETTE ÉCRASÉ DE CAROTTES, CUMIN, CORIANDRE ET CREVETTES

孜然、香菜和蝦的胡蘿蔔蕎麥餅

製作碎胡蘿蔔。將胡蘿蔔去皮、切塊，以沸水煮熟瀝乾，和奶油、鮮奶油一起壓成小碎塊。將香菜葉切碎，和孜然一起加入碎胡蘿蔔中。拌勻。

製作柳橙蘋果酒醬汁：將柳橙汁和蘋果酒倒入平底深鍋中。以大火將湯汁收乾，煮至濃縮。加入奶油，攪拌至均勻。

在平底煎鍋中以少許奶油翻炒蝦子。

將可麗餅機（或平底煎鍋）加熱至250℃。倒入125毫升的麵糊，均勻鋪開。用糕點刷為蕎麥餅刷上融化的奶油。在中央鋪上80克的碎胡蘿蔔。繼續煎烤，邊緣會開始捲起。這時用刮刀將蕎麥餅折成長方形。

將蕎麥餅從可麗餅機（或平底煎鍋）內取下，翻面擺在餐盤上。擺上4隻蝦，淋上30毫升的柳橙蘋果酒醬汁。

另外3個蕎麥餅也重複同樣的步驟。

CRÊPE CRÈME D'AMANDE,

AMANDES GRILLÉES

杏仁奶油的可麗餅佐烤杏仁片

可麗餅4個

準備：**20分鐘**
製作：**20分鐘**
冷藏靜置：**30分鐘**

LES CRÊPES 可麗餅

- 可麗餅麵糊360毫升（見17頁配方）
- 融化的半鹽奶油40克
- 杏仁片60克

LA CRÈME D'AMANDE 杏仁奶油醬

- 奶油（常溫）200克
- 糖200克
- 放養的雞蛋4顆
- 杏仁粉200克

CONSEIL 建議

老饕可搭配巧克力醬享用！

MODE DE PLIAGE 折疊方式

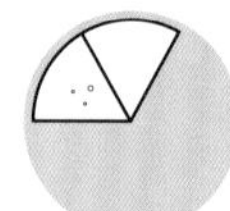

製作杏仁奶油醬：在容器中，用橡皮刮刀混合膏狀奶油和糖。1次1顆地加入蛋。倒入杏仁粉，拌勻，冷藏30分鐘。

將烤箱預熱至180℃（溫控器6）。將杏仁片鋪在烤盤上，分批入烤箱烤至形成金黃色。

將可麗餅機（或平底煎鍋）加熱至220℃。倒入90毫升的麵糊，均勻鋪開。用糕點刷為可麗餅刷上融化的奶油。鋪入40克的杏仁奶油醬，接著將可麗餅折成4折，將右邊部分疊向左邊。

將可麗餅擺在餐盤上。用糕點刷為可麗餅刷上融化的奶油，撒入¼的烤杏仁片。

另外3個可麗餅也重複同樣的步驟。

可麗餅4個

準備：**30分鐘**
冷藏靜置：**1個晚上**
烹調：**15分鐘**

LES CRÊPES 可麗餅

- 可麗餅麵糊360毫升（見17頁配方）
- 融化的半鹽奶油40克
- 香草冰淇淋4球

LES ORANGES CONFITES 糖漬柳橙

- 未經加工處理的柳橙1顆
- 水50毫升
- 糖50克

LE BEURRE D'ORANGE 柳橙奶油

- 砂糖25克
- 水10毫升
- 柳橙汁40毫升
- 檸檬汁10毫升
- 半鹽奶油75克

CONSEIL 建議

為了成功製作柳橙奶油，備料必須充分濃縮後再加入奶油。

MODE DE PLIAGE 折疊方式

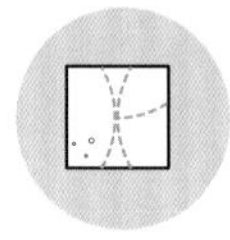

CRÊPE BEURRE D'ORANGE, ORANGES CONFITES,

GLACE VANILLE

糖漬柳橙、柳橙奶油的可麗餅佐香草冰淇淋

前1天，製作糖漬柳橙：將柳橙切成厚5公釐的圓形薄片。在平底深鍋中將水煮沸，加入柳橙片。接著倒入糖，離火，就這樣浸漬一整個晚上。

當天，製作柳橙奶油：在平底深鍋中倒入糖和水。加熱，在糖開始形成焦糖時，倒入柳橙汁，以小火煮至濃縮。將柑橘水果的果皮刨碎，連同奶油一起加入平底深鍋中。放至微溫，接著冷藏保存。

在這段時間，將烤箱預熱至90°C（溫控器3）。將糖漬柳橙片瀝乾，入烤箱烘乾。

將可麗餅機（或平底煎鍋）加熱至220°C。倒入90毫升的麵糊，均勻鋪開。用糕點刷為可麗餅刷上融化的奶油。這時用刮刀將可麗餅折成正方形，翻面後擺在餐盤上。

為可麗餅淋上少許柳橙奶油，舀上1球冰淇淋球，再加上1片糖漬柳橙片。

另外3個可麗餅也重複同樣的步驟。

可麗餅4個

準備：**15分鐘**
烹調：**5分鐘**

LES CRÊPES 可麗餅

- 可麗餅麵糊360毫升
  （見17頁配方）
- 融化的半鹽奶油40克

LA PÂTE À TARTINER CHOCO-CARAMEL 巧克焦糖抹醬

- 黑巧克力40克
- 煉乳100克
- 鹽味焦糖（caramel au beurre salé）40克

CONSEIL 建議

可用這種可麗餅製作卷餅。為此，請提前製作可麗餅，並在冷卻後進行組裝。

MODE DE PLIAGE 折疊方式

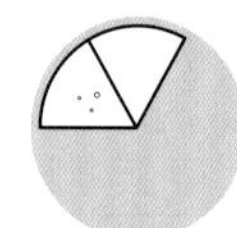

CRÊPE PÂTE À TARTINER CHOCO-CARAMEL MAISON
自製巧克焦糖抹醬可麗餅

將巧克力隔水加熱至融化。在容器中倒入煉乳和焦糖，混入融化的巧克力，拌勻。

將可麗餅機（或平底煎鍋）加熱至220℃。倒入90毫升的麵糊，均勻鋪開。用糕點刷為可麗餅刷上融化的奶油。這時用刮刀將可麗餅對折，接著擺在餐盤上。

用糕點刷為可麗餅刷上融化的奶油，舀上抹醬（約40克）鋪成逗號形狀。

另外3個可麗餅也重複同樣的步驟。

CRÊPE POMMES FAÇON TATIN
反烤蘋果可麗餅

可麗餅4個

準備：**30分鐘**
烹調：**30分鐘**

LES CRÊPES 可麗餅

- 可麗餅麵糊360毫升
  （見17頁配方）
- 融化的半鹽奶油40克

LES POMMES FAÇON TATIN 反烤蘋果

- 蘋果500克
- 半鹽奶油100克
- 糖200克
- 蘋果汁100毫升

LE CRUMBLE DE SARRASIN 蕎麥酥粒

- 蕎麥粉50克
- 全麥粉（farine de froment）70克
- 半鹽奶油（常溫）70克
- 紅糖（sucre roux）50克

準備蘋果：將蘋果去皮並切半，去核去籽，將每半顆蘋果再切成4片。在平底煎鍋中，用大火將奶油加熱至融化，加入蘋果，倒入糖，將蘋果的兩面都煎至焦糖化。倒入果汁以中止焦糖化。

製作酥粒：將烤箱預熱至180°C（溫控器6）。在大容器中混合蕎麥粉、全麥粉，加入膏狀的奶油和糖。充分攪拌至形成砂狀質地。鋪入烤箱烤20分鐘。

將可麗餅機（或平底煎鍋）加熱至220°C。倒入90毫升的麵糊，均勻鋪開。用糕點刷為可麗餅刷上融化的奶油。這時用刮刀將可麗餅折成正方形，小心地翻面擺在餐盤上。用糕點刷為可麗餅刷上融化奶油，擺上5塊焦糖蘋果（如果蘋果已經冷掉，請再加熱），接著淋上¼的焦糖蘋果汁，在蘋果上撒約30克的酥粒。

另外3個可麗餅也重複同樣的步驟。

CONSEIL 建議

可加上1球香草冰淇淋來增添美味。

MODE DE PLIAGE 折疊方式

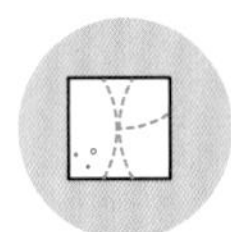

EASY COOK

書名／巴黎名店 BREIZH CAFÉ蕎麥餅 & 可麗餅配方大公開

作者／Bertrand Larcher 貝特朗・拉切爾

攝影／ Emanuela Cino

出版者／大境文化事業有限公司

發行人／趙天德

總編輯／車東蔚

翻譯／林惠敏

文 編・校 對／編輯部

美編／R.C. Work Shop

地址／台北市雨聲街77號1樓

TEL／(02) 2838-7996

FAX／(02) 2836-0028

初版日期／2023年1月

定價／新台幣400元

ISBN／9786269650811

書號／E128

讀者專線／(02) 2836-0069

www.ecook.com.tw

E-mail／service@ecook.com.tw

劃撥帳號／19260956大境文化事業有限公司

國家圖書館出版品預行編目資料
巴黎名店 BREIZH CAFÉ蕎麥餅 & 可麗餅配方大公開
Bertrand Larcher 貝特朗・拉切爾　著；
初版　臺北市 大境文化，2023 [112]　144面；
19×26公分　(EASY COOK：E128)
ISBN / 9786269650811
1.CST：點心食譜　2.CST：法國
427.16　　111019327

請連結至以下表單填寫讀者回函，將不定期的收到優惠通知。